新型职业农民培育·农村实用人才培训系列教材

肉牛科学养殖实用技术

恵 贤 韩映辉 于利子 马世文 等 著

中国农业科学技术出版社

图书在版编目（CIP）数据

肉牛科学养殖实用技术 / 惠贤等著 . —北京：中国农业科学技术
出版社，2015.12
ISBN 978 – 5116 – 2455 – 0

Ⅰ . ①肉…　Ⅱ . ①惠…　Ⅲ . ①肉牛 – 饲养管理　Ⅳ . ①S823. 9

中国版本图书馆 CIP 数据核字（2015）第 317439 号

责任编辑	闫庆健　张敏洁
责任校对	贾海霞

出 版 者	中国农业科学技术出版社
	北京市中关村南大街 12 号　邮编：100081
电　　话	（010）82106632（编辑室）　（010）82109704（发行部）
	（010）82109709（读者服务部）
传　　真	（010）82106625
网　　址	http://www.castp.cn
经 销 者	各地新华书店
印 刷 者	北京昌联印刷有限公司
开　　本	710mm ×1 000mm　1/16
印　　张	9. 25
字　　数	166 千字
版　　次	2015 年 12 月第 1 版　2017 年 3 月第 3 次印刷
定　　价	25. 00 元

《肉牛科学养殖实用技术》
编 委 会

主　　任　李宏霞
副 主 任　杜茂林　恵　贤
编　　委　陈　勇　姚亚妮　海小东　王锦莲
　　　　　窦小宁　王文宁

著者名单

主　　著　恵　贤　韩映辉　于利子　马世文
副 主 著　李春升　何智武　杨建刚　石万宏
　　　　　宋淑玲　陈彩锦
参　　著　徐　艳　陈　勇　姚亚妮　海小东
　　　　　王锦莲　王文宁　牛道平　窦小宁
　　　　　周彦明　雍海虹　马志成　冯　祎
　　　　　张金文　蔡晓波　畅军红

前　言

随着我国经济社会的发展，工业化、信息化、城镇化及农业现代化步伐日益加快，为了提高新形势下农民规范养殖、科学饲养肉牛的技术水平，扩大农民就业，增加农民收入，促进农村经济又好又快发展，加快实现小康社会，我们组织编写了本书。

书中介绍了适合当地养殖的主要肉牛品种和肉牛的繁殖技术，肉牛的常用饲料，粗饲料的加工调制及肉牛的营养需要与日粮配合技术，肉牛的饲养管理和育肥技术，还简要介绍了肉牛场的规划设计建造，最后介绍了肉牛设施养殖以及当地流行的肉牛常见病、多发病特别是营养代谢病的防治。

本书作者长期从事肉牛生产实践指导工作，书中许多内容和观点贴近生产实际，同时在撰写过程中还邀请有关科研和教学单位、肉牛养殖企业、疫病防控等方面专家共同参与，力求"产、学、研"紧密结合，并注意吸取国内外肉牛养殖最新科技成果，内容上突出新颖性、实用性、针对性和可操作性。全书内容丰富，资料翔实，语言通俗易懂，是培育新型职业农民和培训农村实用人才较为理想的教材，也适合广大畜牧科技工作者参阅学习。

本书撰写过程中，引用了有关专家、学者的相关资料，同时也得到许多同行、学者和教师的指导与帮助，在此表示衷心的感谢。由于作者水平有限，书中不妥之处在所难免，恳请读者批评指正。

作　者
2015 年 10 月

目　录

第一章 肉牛品种

第一节 我国主要黄牛品种

参见彩图插页。

一、秦川牛

秦川牛产于陕西省关中地区，与南阳牛、鲁西牛、晋南牛、延边牛列为我国五大黄牛品种。以渭南、蒲城、临潼、富平、大荔、咸阳、兴平、乾县、礼泉、泾阳、三原、高陵、武功、扶风、岐山15个县、市为主产区。陕西省的渭北高原以及甘肃省的庆阳地区也有少量分布。

秦川牛属于大型役肉兼用牛品种，毛色有紫红、红、黄3种，以紫红色和红色者居多。鼻镜多呈肉红色。体格大，各部位发育匀称，骨骼粗壮，肌肉丰满，体质健壮，头部方正，肩长而斜，胸部宽深，肋长而开张，背腰平直宽广，长短适中，荐骨部位稍隆起，后躯发育稍差，四肢粗壮结实，两前肢间距较宽，有外弧现象，蹄叉紧。

据15头6月龄牛肥育试验，在中等饲养水平下，饲养325天，平均日增重为：公牛700g，母牛550g，阉牛590g。9头18月龄牛的平均屠宰率为58.3%，净肉率为50.5%，胴体产肉率为86.3%，骨肉比1:6，眼肌面积97cm²。秦川牛肉质细嫩，柔软多汁，大理石状花纹明显。

二、南阳牛

南阳牛产于河南省南阳地区白河和唐河流域的广大平原，以南阳市郊区、唐河、邓县、新野、镇平、社旗、方城等8个县、市为主要产区。许昌、周口、驻马店等地区分布也较多。此外，开封和洛阳等地区有少量分布。

南阳牛属大型役肉兼用品种，体格高大，肌肉发达，结构紧凑，体质结实，皮薄毛细，行动迅速。鼻镜宽，口大方正，角形较多。公牛颈侧多有皱褶，肩峰隆起 8~9cm。南阳牛的毛色有黄、红、草白 3 种，以深浅不等的黄色为最多。一般牛的面部、腹下和四肢下部毛色较浅。鼻镜多为肉红色，其中，部分带有黑点，黏膜多数为胆红色。蹄壳以黄蜡色、琥珀色带血筋者较多。南阳牛四肢健壮，性情温驯，役用性能强。

南阳牛生长快，肥育效果好，肌肉丰满，肉质细嫩，颜色鲜红，大理石状花纹明显，味道鲜美，肉用性能良好。

南阳地区，多年来已向全国 22 个省、自治区、直辖市提供良种南阳牛 4 550 头，向全国提供种牛 17 000 多头，杂交效果好。杂种牛体格大，结构紧凑，体质结实，生长发育快，采食能力强，耐粗饲，适应本地生态环境，鬐甲较高，四肢较长，行动迅速，役用能力好，毛色多为黄色，具有父本的明显特征。

三、鲁西牛

鲁西牛主要产于山东省西南部的菏泽、济宁地区，即北至黄河，南至黄河故道，东至运河两岸的三角地带。产于聊城地区南部和泰安地区西南部的鲁西牛，品质略差。目前，产区约有鲁西牛 50 万头。

鲁西牛体躯结构匀称，细致紧凑，具有较好的肉役兼用体型。公牛多为平角或龙门角；母牛角形多样，以龙门角较多。垂皮较发达，后躯发育较差。被毛从浅黄色至棕红色都有，一般牛前驱毛色较后躯为深，多数牛有完全或不完全的三粉特征，即眼圈、口轮、腹下到四肢内侧色淡，鼻镜与皮肤多为淡肉红色。多数牛尾帚毛与体毛颜色一致，少数牛在尾帚长毛中混生白毛或黑毛。鲁西牛体型高大，体躯较短，胸部发育好，骨骼细致，管围指数小，屠宰率较高。

鲁西牛体成熟较晚，当地群众有 "牛发齐口" 之说，一般牛多在齐口后才停止发育。其性情温驯，易管理，在加少量麦秸、每日补喂 2kg 精饲料（豆饼40%、麸皮60%）的条件下，对 1~1.5 岁牛进行肥育，平均日增重610g。一般屠宰率为53%~55%，净肉率为47%。据菏泽地区对 14 头肥育牛的屠宰测定，18 月龄 4 头公牛和 3 头母牛的平均屠宰率57.2%，净肉率为49%，骨肉比为1:6，脂肉比为1:42.3，眼肌面积为89.1cm^2。成年牛（4 头公，3 头母）的平均屠宰率为58.1%，净肉率为50.7%，骨肉比为1:6.9，脂肉比为1:37，眼肌面积为94.2 cm^2。肉用性能好，皮薄骨细，产肉率较高，肌纤维细，脂肪分布均匀，呈明显的大理石状花纹，远销香港与其他国家，很受国内外市场的欢迎。

鲁西牛繁殖能力较强，母牛性成熟早，公牛性成熟较母牛稍晚，一般 1 岁左右可产生成熟精子，2~2.5 岁开始配种。自有记载以来，鲁西牛从未流行过焦虫病，有较强的抗焦虫病能力。鲁西牛对高温适应能力较强，对低温适应能力则较差。

四、晋南牛

晋南牛产于山西省西南部汾河下游的晋南盆地，包括万荣、河津、临猗、永济、运城、夏县、闻喜、芮城、新绛、侯马、曲沃、襄汾等县、市。

晋南牛属大型役肉兼用品种，毛色以枣红色为主，鼻镜和蹄趾多呈粉红色。晋南牛体格粗壮，胸围较大，体较长，胸部及背腰宽阔，成年牛前躯较后躯发达。

晋南牛属于晚熟品种，6 月龄以内的哺乳犊牛生长发育较快，6 月龄至 1 岁生长发育减慢，日增重明显降低。晋南牛的产肉性能良好，平均屠宰率为 52.3%，净肉率为 43.4%。

晋南牛用于改良我国一般黄牛，效果较好。从对山西本省其他黄牛改良的情况看，改良牛的体尺和体重都大于当地牛，体型和毛色也酷似晋南牛，表明晋南牛的遗传相当稳定。

五、延边牛

延边牛主要产于吉林省延边朝鲜族自治州的延吉、和龙、汪清、珲春及毗邻各县，分布于黑龙江省的牡丹江、松花江、合江流域的宁安、海林、东宁、林口、汤原、桦南、桦川、依兰、勃利、五常、尚志、延寿和通河等地以及辽宁省宽甸县沿鸭绿江一带朝鲜族聚居的水田地区。

延边牛属寒温带山区的役肉兼用品种。体质结实，适应性强。胸部深宽，骨骼坚实，被毛长而密，皮厚而有弹力。毛色多呈浓淡不同的黄色，鼻镜一般呈淡褐色，带有黑斑点，成年牛的体尺、体重较大，是我国的大型牛之一。

在较好的饲料条件下，18 月龄公牛经 180 天肥育，宰前体重 460.7kg，胴体重 265.8kg，屠宰率为 57.7%，净肉率为 47.2%，平均日增重 813g，眼肌面积约 75.8cm^2。延边牛的肉质柔嫩多汁，鲜美适口，大理石状花纹明显。

第二节　从国外引进的主要肉牛品种

参见彩图插页。

一、夏洛莱牛

夏洛莱牛原产于法国，该牛以生长快、肉量多，体型大、耐粗放而受到国际市场的欢迎，早已输往世界许多国家，参与新型肉牛品种的育成、杂交繁育，或在引入国进行纯种繁殖。该牛是经过长期严格的本品种选育育成的专门化大型肉用品种，骨骼粗壮，体力强大，后躯、背腰和肩胛部的肌肉发达。我国于1965年开始从法国引进，至1980年初共引入270多头种牛，分布在13个省、自治区、直辖市，现已发展到400多头，用来改良当地黄牛，效果良好。

夏洛莱牛的最大特点是生长快，在我国的饲养条件下，犊牛初生重公犊为48.2kg，母犊为46kg。初生到6月龄平均日增重为1.168kg，18月龄公犊平均体重为734.7kg。增重快，瘦肉多，平均屠宰率可达65%～68%，肉质好，无过多的脂肪。

夏洛莱牛有良好的适应能力，耐寒抗热，冬季严寒不夹尾、不弓腰、不拘缩，盛夏不热喘流涎，采食正常。夏季全日放牧时，采食快，觅食能力强，全日纯采食时间为78.3%，采食量为48.5kg。在不额外补饲条件下，也能增重上膘。

夏杂一代具有父系品种特色，毛色多为乳白色或草黄色，体格略大，四肢坚实，骨骼粗壮，胸宽尻平，肌肉丰满，性情温驯，耐粗饲，易于饲养管理。夏杂一代牛生长快，初生重大，公犊为29.7kg，母犊为27.5kg。在较好的饲养条件下，24月龄体重可达（494.09±30.31）kg。

二、利木赞牛

利木赞牛又称利木辛牛，原产于法国，是大型肉用品种。其毛色多为一致的黄褐色，角和蹄白色。被毛浓厚而粗硬，有助于抗拒严酷的放牧条件。利木赞牛全身肌肉发达，骨骼比夏洛莱牛略细。成年公牛活重900～1 100kg，母牛700～800kg，一般较夏洛莱牛小。

利木赞牛最引人注目的特点是产肉性能高，胴体质量好，眼肌面积大，前、后肢肌肉丰满，出肉率高，在肉牛市场上很有竞争力。在集约饲养条件下，犊牛断奶后生长很快，10月龄时体重达408kg，12月龄时480kg左右。肥育牛屠宰率为65%左右，胴体瘦肉率为80%～85%。胴体中脂肪少（10.5%），骨量也较小（12%～13%）。该牛肉风味好，市场上售价高，8月龄小牛肉就具有良好的大理石状花纹。

同其他大型肉牛品种相比，利木赞牛的竞争优势在于犊牛初生体格较小，生后的快速生长能力以及良好的体躯长度和令人满意的肌肉量（出肉率）。利木赞牛适应性强，体质结实，明显早熟，补偿生长能力强，难产率低，很适宜生产小牛肉，因而在欧美不少国家的肉牛业中受到关注，且被广泛用于经济杂交来生产小牛肉。

1974 年和 1993 年，我国数次从法国引入利木赞牛，在河南、山西、内蒙古、山东等地改良当地黄牛，利杂牛体型有改善，肉用特征明显，生长强度增大，杂种优势明显。

三、安格斯牛

安格斯牛原为英国三大无角品种牛之一，是世界著名的小型早熟肉牛品种。

安格斯牛外貌的显著特点是全身被毛黑色而无角，体躯低矮呈圆筒状，体质结实，具有现代肉牛的体型，四肢短而直，前后挡宽，全身肌肉丰满，皮肤松软而富弹性。

安格斯牛肉用性能好，被认为是世界上专门化肉用品种中的典型品种之一。表现为早熟、胴体品质高、出肉多，屠宰率一般为 60% ~ 65%，哺乳期日增重 900 ~ 1 000g，肥育期日增重（1.5 岁以内）平均为 0.7 ~ 0.9kg。肌肉大理石状花纹好，适应性强，耐寒抗病。

四、西门塔尔牛

西门塔尔牛原产于瑞士，是大型乳、肉、役三用品种，自 1957 年起我国分别从瑞士、西德引入西门塔尔牛，分布在黑龙江、内蒙古自治区（以下简称内蒙古）、河北、山东、浙江、湖南、四川、青海、新疆维吾尔自治区（以下简称新疆）和西藏自治区（以下简称西藏）等 26 个省、自治区。至 1994 年年底，全国共有纯种西门塔尔牛 30 000余头，西门塔尔改良牛 800 万余头。由于分布地区自然条件各异，农副产品和草地植被差别极大，饲养管理水平很不一致。西门塔尔牛耐粗放，适应性很强。

西门塔尔牛属宽额牛，角为左右平出、向前扭转，向上外侧挑出。西门塔尔牛属欧洲大陆型肉用体型，体表肌肉群明显易见，臀部肌肉充实，股部肌肉深，多呈圆形。毛色为黄白花或红白花，身躯常有白色胸带，腹部、尾梢、四肢在飞节和膝关节以下为白色。

西门塔尔牛在培育阶段生长良好，13 ~ 18 月龄青年母牛，平均日增重达 505g，青年公牛在此阶段的平均日增重为 974g。杂种牛的适应性明显优于纯种牛。1982 年初对西门塔尔杂种牛进行肥育试验，用一代和二代阉牛做 45 天肥育对比，于 1.5 岁时屠宰，平均日增重：一代牛为（864.1 ±291.8）g，二代牛为（1 134.3 ±321.9）g。另外，从 6 月龄初至 9 月龄末的 4 个月放牧试验表明，一代西杂阉牛平均日增重为 1 085g。

五、德国黄牛

德国黄牛原产于德国和奥地利。德国黄牛最早是从役用、肥育性能方面进行选育，以后又集中选育产乳性能，最后育成了体重大、比较早熟的乳肉兼用牛。近年来，该牛趋向纯肉用选育，逐渐形成了现在的德国黄牛。德国黄牛毛色为黄色或棕黄色，眼圈周围颜色较浅。体躯长而宽阔，胸深，背直，四肢短而有力，后躯发育好，全身肌肉丰满，蹄质坚实、呈现黑色。

母犊初生重38kg，公犊42kg，难产率极低。去势小公牛肥育后，18月龄活重达600～700kg。公牛500日龄活重为537kg，141～500日龄平均日增重为1.16kg。该牛增重快，屠宰率高、平均为63.7%，净肉率56%以上。另外，德国黄牛的乳用性能好，母牛产奶量可达4 164kg，乳脂率4.15%。

德国黄牛性情温驯，易于管理，耐粗饲，适用范围广，具有一定的耐热性和抗蜱性。甘肃省畜牧兽医研究所曾在甘肃平凉崆峒区做试验，结果证明，在干旱与半干旱的温带气候下，德国黄牛与本地黄牛杂交产生的下一代，无论在夏季耐热、抗蜱性，还是在冬季抗寒性方面均好于本地黄牛，不仅抗病能力强，而且耐粗饲。

六、皮埃蒙特牛

皮埃蒙特牛原产于意大利北部的皮埃蒙特地区。皮埃蒙特牛是一个比较古老的牛品种，它原来是一个役用牛品种，后来，由于人们对牛肉需求量的日益增加，意大利从20世纪60年代开始对该牛进行选育，经过几十年的努力，逐渐形成了产肉性能比较好的皮埃蒙特牛。

皮埃蒙特牛被毛为灰白色或乳白色，初生犊牛为浅黄色，逐渐变成白色，鼻镜、眼圈、肛门、阴门、耳尖以及尾梢等部位为黑色。皮埃蒙特牛体型较大，体躯看起来呈圆筒状，胸部、腰部、尾部和大腿部肌肉发达，皮薄骨细。角尖为黑色。

皮埃蒙特牛早期生长速度快，皮下脂肪含量比较少，肉用生产性能十分突出。屠宰率高，一般为65%～70%，瘦肉率为84.1%，眼肌面积为98.3cm^2。肉质鲜嫩，弹性好。皮埃蒙特牛作为乳肉兼用品种，产奶性能也较好，1个泌乳期可产奶3 500kg左右。

皮埃蒙特牛能适应各种环境，既可在海拔1 500～2 000m的山地牧场放牧，也可在夏季较炎热的地区舍饲喂养。

第二章
肉牛的生长发育与选择技术

第一节 肉牛的生长发育规律

一、生长发育概念

动物机体从受精卵开始到生长成熟，细胞数量不断增加，体积不断增大，体重增加的过程，称为生长。这一过程发生在牛成年期以前的整个时期，但不同的阶段，生长的速度和强度不同。发育是指有机体的细胞经过一系列各种不同的生物化学变化形成各种不同的细胞，这一过程是以细胞分化为基础的细胞功变化，结果产生的是各种不同组织器官。发育主要发生在胚胎早期。可见生长和发育是两个不同的概念，但二者不是截然分开，而是彼此紧密相连的。生长伴随着物质的积累，改变了各细胞间的相互关系，从而引起质变，给发育创造物质条件；而发育在消耗了生长过程中所积累的物质形成各种组织器官后，又刺激机体进一步生长。

二、生长发育的度量和计算

育种和生产上为了便于管理，根据需要一般对牛初生和出生后 6 月龄、12 月龄、18 月龄、24 月龄、36 月龄、48 月龄和 60 月龄的体重和体尺进行称测、统计，来计算牛不同时期的生长速度和强度。生长的计算方法一般有以下 3 种。

（一）累积生长

任何时候称重所得的体重、体尺数值都是代表在该测定以前生长发育的总累积，所以称累积生长。如初生重、断奶重、12 月龄重、24 月龄体重、成年牛体重等。由各个时期累积生长值绘制的曲线称生长曲线，它不仅可以使我们了解牛生长发育是否达到正常水平，而且可以做品种间、杂交组合间的比较。

（二）绝对生长

绝对生长是一定时间内的生长量，它显示一段时间内牛生长的速度。计算公

式为：

$$G = （W_1 - W_0）/（t_1 - t_0）$$

式中：G 代表绝对生长；W_0 为上次测定的累积生长值；W_1 为本次测定的累积生长值，t_0 为上次测定的时间，t_1 为本次测定的时间。日增重就是绝对生长的代表值之一。

（三）相对生长

相对生长用来表示生长发育的强度，它是用一般时间内的绝对生长量占原来体重的比率来表示的。公式为：

$$R = （W_1 - W_0）/ W_0 \times 100\%$$

此外，也有用生长系数来表示相对生长的，公式为：

$$C = W_1 / W_0 \times 100\%$$

三、肉牛生长发育各阶段特点

肉牛生长发育各阶段一般可以划分为胚胎期、哺乳期、幼龄期、青年期和成年期。

（一）胚胎期

指从受精卵开始到出生为止的时期。胚胎期又可分为卵子期、胚胎分化期和胎儿期 3 个阶段。卵子期指从受精卵形成到 11 天受精卵与母体子宫发生联系即着床的阶段。胚胎分化期指从卵子着床到胚胎 60 天为止。此前 2 个月饲料在量上要求不多，而在质上要求较高。胎儿期指从妊娠 2 个月开始直到分娩前为止，此期为身体各组织器官强烈增长期。胚胎期的生长发育直接影响犊牛的初生重，初生重大小与成年体重成正相关，从而直接影响肉牛的生产力。

（二）哺乳期

指从牛犊出生到 6 月龄断奶为止的阶段。这是犊牛对外界条件逐渐适应，各种组织器官功能上逐步完善的时期。该期牛的生长速度和强度是一生中最快的时期。犊牛哺乳期生长发育所需的营养物质主要靠母乳提供，因而母牛的泌乳量对哺乳犊牛的生长速度影响极大。一般犊牛断奶重的变异性，50%～80% 是由于它们母亲产奶量的影响。因此，如果母牛在泌乳期因营养不良及疾病等原因影响了泌乳性能，就会对哺乳犊牛产生不良影响，从而影响肉用牛的生产力。

（三）幼年期

指犊牛从断奶到性成熟的阶段。此期牛的体型主要向宽深方面发展，后躯发育迅速，骨骼和肌肉生长强烈，性功能开始活动。体重的增长在性成熟前呈加速趋势，绝对增重随年龄增加而增大，体躯结构趋于稳定。该期对肉用牛生产力的定向培育极为关键，可决定次阶段后的养牛生产方向。

（四）青年期

指牛从性成熟到体成熟的阶段。这一时期的牛除高度和长度继续增长外，宽度和深度发育较快，特别是宽度的发育最为明显。绝对增重达到高峰，增重速度开始减慢，各组织器官发育完善，体型基本定型，直到达到稳定的成年体重。这一时期是肥育肉牛的最佳时期。

（五）成年期

指牛从发育到成熟到开始衰老这一阶段。牛体型、体重保持稳定，脂肪沉积能力大大提高，性功能最旺盛，所以，公牛配种能力最强；母牛泌乳稳定，可产生初生重较大、品质优良的后代。成年牛已度过最佳肥育阶段，所以，主要是作为繁殖用牛，而不是肥育用牛。在此以后，牛进入老年期，各种功能开始衰退，生产力下降，生产中一般已无利用价值。大多在经短期肥育后直接屠宰但肉的品质较差。

四、肉牛生长发育的不平衡性

不平衡是指牛在不同的生长阶段，不同的组织器官生长发育速度不同。某一阶段这一组织的发育快，下一阶段另一器官的生长快。了解这些不平衡的规律，就可以在生产中根据目的地不同利用最快的生长阶段，实现生产效率和经济效益的多快好省。肉牛生长发育的不平衡主要有以下几个方面的表现。

（一）体重增长的不平衡性

牛体重增长的不平衡性表现在 12 月龄以前的生长速度很快。在此期间，从出生到 6 月龄的生长强度要远大于从 6 月龄到 12 月龄。12 月龄以后，牛的生长明显减慢，接近成熟时的生长速度则很慢。因此，在生产上，应掌握牛的生长发育特点，利用其生长发育快速阶段给予充分的营养，使牛能够快速生长，提高饲养效率。

（二）骨骼、肌肉和脂肪生长的不平衡性

牛的各种体组织（骨骼、肌肉、脂肪）占胴体重的百分率，在生长过程中变化很大。肌肉在胴体中的比例先是增加，而后下降；骨骼的比例持续下降；脂肪的百分率持续增加，牛的年龄越大脂肪的百分率越高。各体组织所占的比重，因牛品种、饲养水平等的不同也有差别。骨骼在胚胎期的发育以四肢骨生长强度大，如果营养不良，使肉牛在胚胎期生长最旺盛的四肢骨受到影响，其结果犊牛在外形上就会表现出四肢短小、关节粗大、体重较轻的缺陷特征。肌肉的生长与肌肉的功能密切相关，不同部分的肌肉生长速度也不平衡。脂肪组织的生长顺序

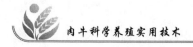

为：先网油和板油，再贮存皮下脂肪，最后才沉积到纤维间，形成牛肉的大理石状花纹，使肉质嫩度增加，肉质变嫩。

（三）组织器官生长发育的不平衡性

各种组织器官的生长发育，依其在生命活动中的重要性而不同，凡对生命有直接、重要影响的组织器官如脑、神经系统、内脏等，在胚胎期中一般出现较早，发育缓慢而结束较晚；而对生命重要性较差的组织器官如脂肪、乳房等，则在胚胎期出现较晚，但生长较快。器官的生长发育强度随器官功能变化也有所不同，如初生犊牛的瘤胃、网胃和瓣胃的结构与功能均不完善，皱胃比瘤胃大一半，但随着年龄和饲养条件的变化，瘤胃从 2～6 周龄开始迅速发育，至成年时瘤胃占整个胃重的80%，网胃和瓣胃占12%～13%，而皱胃仅占7%～8%。

（四）补偿生长

幼牛在生长发育的某个阶段，如果营养不足而增重下降，当在后期某个阶段恢复良好营养条件时，其生长速度就会比一般牛快，这种特性叫做牛的补偿生长。牛在补偿生长期间，饲料的采食量和利用率都会提高，因此，生产上对前期发育不足的幼牛常利用牛的补偿生长特性在后期加强营养水平，牛在出售或屠宰前的肥育，部分就是利用牛的这一生理特性。但是，并不是在任何阶段和任何程度的发育受阻都能进行补偿，补偿的程度也因前期发育受阻的阶段和程度而不同。

第二节　影响肉牛生长发育的因素

一、品种

肉牛作为肉用品种本身，按体型大小可分为大型品种、中型品种和小型品种，按早熟性可分为早熟品种和晚熟品种；按脂肪贮积类型能力又可分为普通型和瘦肉型。一般小型品种的早熟性较好，大型品种则多为晚熟种。不同的品种类型，体组织的生长形式和在相同饲养条件下的生长发育仍有不同的特点。早熟品种一般在体重较轻时便能达到成熟年龄的体组织间比例，所需的饲养期较短，而晚熟品种所需的饲养期则较长。其原因是小型早熟品种在骨骼和肌肉迅速生长的同时，脂肪也在贮积，而大型晚熟品种的脂肪沉积在骨骼和肌肉生长完成后才开始。

二、性别

造成公、母犊牛生长发育速度显著不同的原因，是由于雄激素促进公犊生长，而雌激素抑制母犊生长。公、母犊在性成熟前由于性激素水平较低，生长发育没有明显区别。而从性成熟开始后，公犊生长明显加快，肌肉增重速度也大于母牛。颈部、肩胛部肌肉群占全部肌肉的比例高于阉牛和母牛，第十肋以前的肌肉重量公牛可达55%，而阉牛只有45%。公牛的屠宰率也较高。但脂肪的增重速度以阉牛最快，公牛最慢。

三、年龄

牛的生长发育具有不平衡性，不同的组织器官在不同的年龄时段生长发育速度不同。一般生长期饲料条件优厚时，生长期增重快，肥育期增重慢。生长期饲料条件贫乏时，生长期营养不足，供肥育的牛体况较瘦。在舍饲条件下充分肥育时，年龄较大的牛采食量较大，增重速度较低龄牛高，但不同年龄的牛增重的内容不同。低龄牛主要由于肌肉、骨骼、内脏器官的增长而增重，而年龄较大的牛则主要由于体内脂肪的沉积而增重。由于饲料转化为脂肪的效率大大低于转化为肌肉、内脏的效率，加之低龄牛维持需要低于大龄牛，因此大龄牛的增重经济效益低于低龄牛直接肥育。

四、杂种优势

杂交指不同品种或不同种牛间进行交配繁殖，杂交产生的后代称杂种。不同品种牛之间进行的杂交称品种间杂交，人们一般常见的杂交即为该类杂交。杂交生产的后代往往在生活力、适应性、抗逆性和生产性能方面比其亲本提高，这就是所谓的杂种优势。在数值上，杂种优势指杂种后代与亲本均值相比时的相差值，是以杂种后代和双亲本的群体均值为比较基础的。杂种优势产生的原因，是由于杂种的遗传物质产生了杂合性。从基因水平上对杂种优势的解释有基因显性说、超显性说和上位学说。杂交可以产生杂种优势，但并不意味着任何两个品种杂交都能保证产生杂种优势，更不是随意每个品种的交配都能获得期望性状的杂种优势，因为不同群体的基因间的相互作用，既可以是相互补充、相互促进的，也可能发生相互抑制或抵消。

五、营养

营养对牛生长发育的影响表现在饲料中的营养是否能满足牛的生长发育所需。牛对饲料养分的消耗首先用于维持需要，之后多余的养分才被用于生长。因而，饲料中的营养水平越高，则牛摄食日粮中的营养物质用于生长发育所需的数量则越多。牛的生长发育越快而饲料中营养不足，则导致牛生长发育速度减慢。然而饲料营养水平的高低不仅影响牛的生长发育速度，还与牛对饲料的利用率成负相关，即饲料营养水平愈高，牛对饲料的利用率将下降。饲料中的含脂率提高，将减少牛的日粮采食量。提高日粮的营养水平，则会增加饲养成本等。因此，在肉牛生产实践中，并不是饲养水平在任何情况下都越高越好，而是要从生产目的和经济效益两方面综合考虑。生产实践中，营养条件按营养水平高低分为高、中、低3种类型。

六、饲养管理

对牛生长发育有影响的管理因素很多，有些因素甚至影响程度很大。对肉牛生产有较大影响的管理因素有：犊牛的出生季节，牛的饲喂方式和时间、次数，日常的防疫驱虫、光照时间，牛的运动场地等。

第三节 肉用牛的选择技术

肉用种牛的选评和从市场上采购肥育牛，都需要进行肉牛的体型外貌鉴定。其方法包括肉眼鉴定、测量鉴定、评分鉴定和线性鉴定四种方法。其中，以肉眼鉴定应用最广，测量鉴定和评分鉴定可作为辅助鉴定方法。线性鉴定是在前三者基础上综合其优点建立起来的最新方法，准确度较高。

一、肉眼鉴定

是通过眼看手摸来判别肉牛产肉性能高低的鉴定方法，农村家畜交易市场上为购牛双方搭桥作价的"牛把式"就是利用这种方法。该法简便易行，不需任何设备，但要有丰富的经验，一般至少要经过2~3年的实践训练才能达到较准确的评估。市场上、肉牛肥育场、屠宰场采购肉牛供肥育或屠宰时，就有不少评估人员运用此方法对牛只的出肉率和脂肪量进行评估，而且这种方法也用在对肉用种牛的选择上。

肉眼鉴定的具体做法是：让牛站在比较开阔的平地上，鉴定人员距牛3~5m，绕牛仔细观察一周，分析牛的整体结构是否平衡，各部位发育程度、结合状况以及相互间的比例大小，以得到一个总的印象。然后用手按摸牛体，注意皮肤厚度、皮下脂肪的厚薄、肌肉弹性及结实程度。接着让牛走动，动态观察，注意身躯的平衡及行走情况，最后对牛作出判断，判定等级。

二、评分鉴定

是根据牛体各部位对产肉性能的相对重要性给予一定的分数，总分为100

分。鉴定时鉴定人员通过肉眼观察，按照评分表中所列各项对照标准，对牛体各部位的肉用价值给予评分，然后将各部位评分累加，再按规定的分数标准折合成相应等级。

鉴定时，人与牛保持10m的距离，从前、侧、后等不同的角度，首先观察牛的体型，再令其走动，获取一个概括的认识，然后走近牛体，对各部位进行细致审查、分析、评出分数。

目前，我国尚无专门化的肉牛品种，但改良牛、兼用牛数量在2 000万头以上，表2－1给出了其综合评定的标准，供鉴定时参考。评定分数与对应的折合等级列于表2－2。

表2－1 肉牛及改良牛、兼用牛外貌鉴定评分表

部位	评满分条件	肉用牛		兼用牛	
		公	母	公	母
整体结构	品种特征明显，体尺达到要求；体躯个部位结合良好，自然；经济用体型特别突出；整体宽度良好，特别特征正常，全身肌肉匀称、发达，骨骼生长良好；神经反应灵活，性情温驯，行步自如	30	25	30	25
前躯	胸宽而深，前胸突出，颈胸结合良好，肌肉丰满	15	10	15	10
中躯	背腰宽平，肋骨开张，背线与腹线平直、呈圆筒形，腹不下垂	10	15	10	15
后躯	尻部长、宽、平，大腿肌肉结实而突出	25	20	25	20
乳房	乳房容积较大、匀称，附着良好；乳头较粗大，着生匀称；乳静脉明显，多弯曲；乳房皮肤薄，被毛较短	—	10	—	15
肢蹄	四肢端正结实，前后裆宽；蹄形正，蹄质坚实，蹄壳致密；系部角度适宜，强健有力	20	20	20	15
合计		100	100	100	100

表2－2 肉牛及改良牛、兼用牛外貌鉴定等级评分标准

性别	等级			
	特级	一级	二级	三级
公	85	80	75	70
母	80	75	70	65

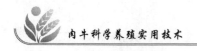
三、测量鉴定

是借助仪器或小型设备，对牛体各部位进行客观的测量，边测量边记录，测量鉴定是牛育种上最广为使用的方法。测量的主要工具包括卷尺、测杖、圆形测定器和磅秤等。这种方法要求牛只站立姿势自然而正直，测量起始端点要准确，测量人员操作熟练而迅速，最主要的体尺测量包括以下几项。

体重：早晨空腹时进行测定，连续称重 2 天取平均数。

体高：鬐甲最高处至地面的垂直高度。

体斜长：由肩端前缘至尻尖的软尺距离。

胸围：肩胛后缘胸部的圆周长度。

胸宽：肩胛后缘（左右第六肋骨）的最大直线距离。

胸深：鬐甲到胸骨下缘的垂直距离。

腰角宽：两腰角外缘间的直线距离。

尻长：由腰角前缘到坐骨端外缘的直线距离。

管围：左前肢上 1/3（即最细处）的水平周径。

四、线性鉴定

线性鉴定方法是借鉴乳用牛线性体型鉴定原理，以肉牛各部位两个生物学极端表现为高低分的外貌鉴定，并用统计遗传学原理进行计算的鉴定方法。它将对牛体的评分内容分为四部分：体型结构、肌肉度、细致度和乳房。每一部分将两种极端形态分别作为最高分和最低分。中间分为 5 个分数级别。如肌肉特别发达、发达、一般、瘦、贫乏，分别给以 45 分、35 分、25 分、15 分和 5 分。各部位评分累加，得最高分牛优于得低分牛。实践证明，该方法在肉牛改良中是既可靠又明了的选种方法。

第三章
肉牛的饲料及其加工调制

第一节　精饲料

精饲料是指粗纤维含量低于18%、无氮浸出物含量高的饲料。这类饲料的蛋白质含量可能高也可能低，谷物、饼粕、面粉业的副产品（如玉米面筋等）都是精饲料。对于肉牛而言，精饲料是一种补充料，肥育牛日粮的精饲料含量可高一些，母牛和架子牛仅喂少量精饲料，以保证维持需要。精饲料可分为能量饲料和蛋白质饲料。能量饲料有玉米、高粱、甜菜渣和糖蜜等。蛋白质饲料包括真蛋白质饲料（如豆饼和棉籽饼）和非蛋白氮（如尿素）等。主要精饲料的营养成分见表3-1。

表3-1　肉牛主要精饲料的营养成分

名称	干物质（%）	维持净能（MJ/kg）	增重净能（MJ/kg）	粗蛋白质（%）	粗纤维（%）	钙（%）	磷（%）
玉米	88.40	9.41	6.01	9.70	2.30	0.09	0.24
高粱	89.30	8.65	5.29	9.70	2.50	0.10	0.31
小麦麸	88.60	6.69	4.31	16.30	10.40	0.20	0.88
豆饼	90.60	8.61	5.73	47.50	6.30	0.35	0.55
棉籽饼	89.60	7.77	5.18	36.30	11.90	0.30	0.90
胡麻饼	92.00	7.94	5.31	36.00	10.70	0.63	0.84
花生饼	89.90	8.95	5.85	51.60	6.50	0.27	0.58
芝麻饼	92.00	7.77	5.46	42.60	7.80	2.43	0.29
葵花籽饼	90.00	3.15	0.92	25.90	35.10	0.23	1.03

一、能量饲料

国际饲料分类原则把粗纤维含量小于18%、蛋白质含量小于20%的饲料称为能量饲料。从营养功能来说，能量饲料是家畜能量的主要来源，在配合日粮中所占的比例最大为50%～70%。主要包括禾本科的谷实饲料和面粉工业的副产品，块根、块茎和其加工的副产品，以及动、植物油脂和糖蜜都属于能量饲料。

（一）谷实类饲料

谷实类饲料主要来源于禾本科植物的籽实，是能量饲料的主要来源，需要量很大，可占肥育期肉牛日粮的40%～70%。我国常用的种类有玉米、大麦、高粱、燕麦、黑麦、小麦和稻谷等。谷实类饲料的营养特点是：干物质中无氮浸出物含量为70%～80%，精纤维含量一般在3%以下，消化率高。粗蛋白质含量为8%～13%（表3-2）。精脂肪含量2%左右，钙的含量比磷的含量少，不同谷物籽实对肉牛的相对价值，见表3-3。

表3-2 谷实类饲料的营养特点

名称	消化能（MJ/kg）	粗蛋白质（%）	与玉米相比（%）
玉米	17.1	9.7	100
大麦	16.3	13.2	90
燕麦	14.2	13.3	70～90
大米	14.2	8.4	80
高粱	13.8	9.7	90～95
小麦	15.9	14.7	100～105

表3-3 不同谷物籽实对肉牛的相对价值

名称	可消化蛋白质	维持净能	增重净能
玉米	100	100	100
大麦	131	84	88
高粱	95	92	88
燕麦	132	82	86
小麦	152	95	98

注：以玉米的数值为100

1. 玉米

我国东北、西北和华中等地区盛产玉米，大部分用作饲料。玉米中所含的可利用能值高于谷实类中的任何一种饲料，在肉牛饲料中使用的比例最大，被称为"饲料之王"。玉米的不饱和脂肪酸含量高，因而粉碎后的玉米粉易于酸败变质，不宜长期保存，因此，以贮存整粒玉米最佳，黄玉米中含有胡萝卜素和叶黄素，营养价值高于白玉米，带芯玉米饲喂肉牛效果也很好。在满足肉牛的蛋白质、钙和磷需要后，能量可以全部用玉米满足。对于青年牛和肥育肉牛，整粒饲喂和粉碎饲喂效果相同，但前者可减少投资，节约能源。玉米的无氮浸出物含量为65.4%，粗蛋白质为9.7%，粗纤维为2.3%，每千克对牛的维持净能为9.41MJ，增重净能为6.01MJ。

2. 高粱

高粱的品种很多，去皮高粱的组成与玉米相似，能值相当于玉米的90%~95%。高粱的平均蛋白质含量为10%。其种皮部分含有鞣酸，具有苦涩味，影响家畜的适口性，色深的高粱含鞣酸高，含量为0.2%~2%。高粱一般不作为肉牛的主要饲料。

3. 大麦

大麦很少作为食用，大部分用作家畜的饲料，少部分用于酿造工业，我国大麦的产量近几年来有下降的趋势。大麦的蛋白质含量为12%~13%，是谷实类饲料中含蛋白质较多的饲料。大麦种子有一层外壳，粗纤维含量较高、约7%，无氮浸出物较低。大麦是喂肉牛和奶牛的好饲料，压扁或粉碎饲喂更为理想。但不宜粉得太细，也不能整粒饲喂。

4. 燕麦

内蒙古、东北等地有少量生产，在我国谷实类饲料中用量很少。燕麦的蛋白质含量和大麦相似，粗纤维含量较高，约9%。粉碎后饲喂，对肉牛有较好的效果。

5. 小麦

我国种植小麦的地区很广，是重要的粮食作物，很少用作饲料。小麦的营养价值与玉米相似，蛋白质含量14.7%。喂肉牛小麦占精料的比例不应超过50%，用量过大，会引起消化障碍。喂前应碾碎或粉碎。

6. 稻谷和糙大米

稻谷种子外壳粗硬，与燕麦相似。粗纤维含量约10%，粗蛋白质含量约8%。去掉壳的稻谷称糙大米，它的粗纤维含量约为2%，蛋白质为8%。在饲料中的用量为25%~50%。糙大米的营养价值比稻谷高。

（二）谷物籽实类加工副产品

谷物类饲料在加工过程中产生大量副产品，可被用作饲料。这类产品包括麦麸、米糠、玉米糠、高粱糠、小麦糠等。糠麸类饲料主要是谷实的种皮、糊粉层、少量的胚和胚乳，粗纤维含量为9%~14%，粗蛋白质含量为12%~15%。

钙磷比例不平衡，磷含量高约 1%。

1. 小麦麸

俗称麸皮，是小麦加工成面粉的副产品，主要由小麦籽实的种皮、糊粉层、少量的胚乳和胚组成，加工方式的不同造成了麸皮营养成分的差异，一般麸皮含粗纤维较高，约 10%，无氮浸出物约 58%，对肉牛的代谢能为 9.66MJ/kg，由于麸皮中含有大量胚，使其粗蛋白质含量较高为 13%～16%。

2. 米糠

稻谷加工成大米时分离出的种皮、糊粉层和胚等物质的混合物，不包括稻壳。稻谷加工成大米时，大米越白，其副产品米糠的营养价值越高。米糠含粗纤维 10.2%，无氮浸出物小于 50%，粗蛋白质含量为 13.4%，粗脂肪为 14.4%。粗脂肪中不饱和脂肪酸较高，因此易酸败，不易贮藏。钙、磷比例不平衡，约为 1：15。砻糠是稻谷外面的一层坚硬的壳，含粗蛋白质 3%、粗脂肪 1.15%、粗纤维 46%、无氮浸出物 28%，营养价值比秸秆饲料低。统糠是米糠和砻糠的混合物，统糠的营养价值取决于米糠所占的比例。瘪谷糠，是在稻谷加工过程中，首先分离出来的瘪谷，加工磨碎后称瘪谷糠，含粗蛋白质 9.8%、粗脂肪 0.9%、粗纤维 24%、无氮浸出物 45%、粗灰分 7.5%，它的营养价值高于砻糠、低于米糠。

（三）其他高能量饲料

高能量饲料是指饲料中无氮浸出物高，粗纤维低，所含可利用能量高的饲料。有人把每千克饲料中含消化能大于 12MJ 的统称为高能量饲料。

1. 棉籽

棉籽是一种高蛋白高能量饲料。代谢能 14.52MJ/kg，粗蛋白质 24%，磷 0.76%，粗纤维 21.4%（干物质），不必经过任何加工即可饲喂肉牛。

2. 油脂

油脂的能量是碳水化合物的 2.25 倍，属高能量饲料，在肉牛日粮内占 2%～5%。在饲料内添加油脂，可以提高能量浓度，控制粉尘，减少设备磨损，增加适口性。油脂还可以作为某些微量营养成分的保护剂。

添加动物性脂肪和植物性脂肪的效果相同，采用哪一种主要取决于价格。目前，用作肉牛饲料的脂肪有以下几种：酸化肥皂、牛羊脂、油脂等，脂肪内应加抗氧化剂。对高玉米日粮无须添加油脂，因为玉米含有 4% 的油脂。近几年，也用全棉籽饼作为油脂饲料饲喂肉牛。

3. 糖蜜

不仅能量含量高，适口性也好。包括甘蔗糖蜜、甜菜糖蜜、柑橘糖蜜、木糖蜜和淀粉糖蜜。在肉牛日粮中不超过15%。

4. 块根块茎

也称多汁饲料，包括胡萝卜、甘薯、木薯、马铃薯、饲用甜菜和芜菁等，干物质中淀粉和糖类含量高，蛋白质含量低，纤维素少，并且不含木质素（表3-4），是适口性好的犊牛与产奶牛饲料。

由于这类饲料体积大，一般含水量为75%~90%。每千克鲜饲料中营养价值低，一般不用作肉牛肥育期的饲料。但这类饲料的干物质含能值与禾本科籽实饲料相似（表3-5）。

表3-4　几种块根块茎饲料的营养成分（%）

名称		水分	粗蛋白质	粗脂肪	粗纤维	无氮浸出物	粗灰分
甘薯	鲜	75.4	1.1	0.2	0.8	21.2	1.3
	干	0	4.5	0.8	3.3	86.2	5.2
马铃薯	鲜	79.5	2.3	0.1	0.9	15.9	1.3
	干	0	11.2	0.5	4.4	77.6	6.3
木薯	鲜	62.7	1.2	0.3	0.9	34.4	0.5
	干	0	3.2	0.8	2.5	92.2	1.3
胡萝卜	鲜	89.0	1.1	0.4	1.3	6.8	1.4
	干	0	10.0	3.6	11.8	61.8	12.7
甜菜	鲜	89.0	1.5	0.1	1.4	6.9	1.1
	干	0	13.4	0.9	12.2	63.4	9.8

表3-5　块根块茎饲料的消化能含量（对肉牛）

名称	干物质（%）	消化能（MJ/kg 干物质）
胡萝卜	11.00	15.62
木薯	37.30	14.62
马铃薯	20.50	14.95
糖甜菜	11.00	15.41
甘薯	24.60	14.70
芜菁	10.00	15.71

二、蛋白质饲料

蛋白质含量在20%以上的饲料称为蛋白质饲料，在生产中起到关键性作用，影响着肉牛的生长与增重，使用量比能量饲料少。一般占日粮的10%~20%。蛋白质饲料的能量值与能量饲料基本相似，但是蛋白质饲料的资源有限、价格较

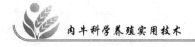
高，所以它不能当作能量饲料来使用。肉牛的蛋白质饲料主要是饼粕（用压榨法提取油后的残渣称为饼，浸提法或压榨后再浸提油的残渣称为粕）。

由于加工方法的不同，同一种原料制成的饼与粕的营养价值也不一样，饼类的含脂量高，能量也高于粕类，但是，蛋白质含量低于粕类。

（一）大豆饼粕

豆饼是我国畜牧生产中主要的植物性蛋白质饲料，粗蛋白质含量为39%～43%，浸提或去皮的豆饼的粗蛋白质含量大于45%。日粮中除了能量饲料之外，可以全部用豆饼满足肉牛的蛋白质需要量。在所有饼类中，豆饼的氨基酸平衡，适口性好，是植物性蛋白质中最好的蛋白质，但是，它的胡萝卜素和维生素D含量较低。

（二）棉籽饼粕

棉籽经脱壳之后压榨或浸提油后的残渣，粗蛋白质含量为33%～40%。未去壳的棉籽饼含粗蛋白质24%。虽然棉籽饼内含有毒物质棉酚，但由于在瘤胃内棉酚与可溶性蛋白质结合为稳定的复合物，因此，对反刍动物影响很小。肉牛精料中棉籽饼的比例可达到20%～30%。在喂棉籽饼的饲料内加入微量硫酸亚铁，可以促进肉牛的生长。

（三）菜籽饼粕

含粗蛋白质36%～40%，粗纤维12%，无氮浸出物约30%，有机物质消化率约70%，菜籽饼含有硫葡萄糖苷，在芥子酶的作用下，分解产生有毒物质异硫氰酸盐和噁唑烷硫酮，因此，不适合作鸡和猪的饲料，但是可以用作肉牛的蛋白质饲料，可占精料的20%，肥育效果很好。

（四）花生饼粕

目前我国市场上所见的花生饼，大部分是去壳后榨油的，粗纤维含量低于7%，习惯上称花生仁饼。带壳榨油的花生饼，粗纤维含量约为15%，含蛋白质较少。花生仁饼的粗蛋白质含量为43%～50%，适口性好。花生仁饼在贮藏过程中最易感染黄曲霉，产生黄曲霉素，必须严格检验，否则严重时会导致家畜死亡。

（五）亚麻籽饼粕

又称胡麻饼。亚麻籽产于我国的东北和西北地区，粗蛋白质含量34%～38%，粗纤维含量9%，钙含量0.4%，磷含量0.83%。亚麻籽饼含有黏性物质，可吸收大量水分而膨胀，从而可使饲料在肉牛的瘤胃内停留较长时间，以利于饲料的利用。黏性物质对肠胃黏膜起保护作用，可润滑肠壁，防止便秘。

（六）葵花籽饼粕

带壳的葵花籽饼粕，粗蛋白质仅为17%，粗纤维39%，部分去壳或去壳较多的葵花籽饼粕蛋白质含量在28%~44%，粗纤维9%~18%，是肉牛肥育很好的饲料。

第二节　粗饲料

按国际饲料分类原则，凡是饲料中粗纤维含量18%以上或细胞壁含量为35%以上的饲料统称为粗饲料。粗饲料对反刍家畜和其他草畜极为重要。因为，它们不仅提供养分，而且对肌肉生长和胃肠道活动也有促进作用，母牛和架子牛可以完全用粗饲料满足维持营养需要。能饲喂肉牛的粗饲料包括干草、农作物秸秆、青贮饲料等，其中，苜蓿、三叶草、花生秧等豆科牧草是肉牛良好的蛋白质来源。

粗饲料的特点是：体积大、密度小，粗纤维含量高于18%，能量浓度低，木质素含量高，消化率低。钙、钾和微量元素的含量比精饲料高，但磷的含量低。脂溶性维生素的含量比精饲料高，豆科牧草B族维生素含量丰富。蛋白质含量差异较大，豆科牧草的粗蛋白质含量可达20%以上，而秸秆的粗蛋白质含量只有3%~4%。

总的来看，粗饲料的营养价值可能很高，如嫩青草、豆科牧草和优质青贮；也可能很低，如秸秆、谷壳和禾本科牧草。但是，通过合理加工调制，都可以饲用（表3-6）。

表3-6　肉牛常用粗饲料营养成分

名称	干物质（%）	维持净能（MJ/kg）	增重净能（MJ/kg）	粗蛋白质（%）	粗纤维（%）	钙（%）	磷（%）
大豆秸	88.00	4.52	0.68	5.20	44.30	1.59	0.06
稻草	89.40	4.18	0.54	2.80	27.00	0.08	0.06
花生藤	91.00	4.77	2.12	10.80	33.20	1.23	0.15
小麦秸	89.60	2.68	0.46	3.60	41.60	0.18	0.05
玉米秸	90.00	4.06	1.76	6.60	27.70	0.57	0.10

一、干草

干草是指植物在不同生长阶段收割后干燥保存的饲草，通过晒干，使牧草水分降至15%~20%，从而抑制酶和微生物的活性。牧草成熟后，干物质含量增加，但是，消化率降低，因此，收割期应选择干物质含量与消化率的最佳平衡点。大部分干草应在牧草未结籽前收割。

干草的种类包括干草、禾本科干草，豆科干草中苜蓿营养价值最高，有"牧草之王"的美称。中等质量的干草含粗纤维 25% ~ 35%，含消化能为 8.64 ~ 10.59MJ/kg 干物质。

（一）制备干草的目的与要求

在最佳时间收割，最大限度地保存青草的营养物质，保证单位面积生产最多的营养物质和产量，不耽搁下一茬种植。在牧草生长旺季，制备大量的干草，使青草中的水分由 65% ~ 85% 降到 20% 以下，达到长期保存的目的，供家畜冬天饲草不足时饲用。

干草的优点是：牧草长期贮藏的最好方式；可以保证饲料的均衡供应，是某些维生素和矿物质的来源；用干草饲喂家畜还可以促进消化道蠕动，增加瘤胃微生物的活力；干草打捆后容易运输和饲喂，可以降低饲料成本。

干草的缺点是：收割时需要大量的劳力和昂贵的机器设备；收割过程中营养损失大，尤其是叶的损失多；由于来源不同，收割时间不同，加工方法不同及天气的影响，使干草的营养价值和适口性差别很大；如果干草晒制的时间不够，水分含量高，在贮存过程中容易产热，发生自燃；干草不能满足高产肉牛的营养需要。

（二）干草的制备

在青草制备干草的过程中，青草中干物质或养分含量均要有所损失。例如苜蓿，从收割到饲喂，叶片损失 35%，干物质损失 20%，蛋白质损失 29%。在地里放置时间越长，营养损失越多。

调制干草的方法不同，养分损失差别很大。目前，制备干草的方法基本上可分为两种；一种是自然干燥（晒干和舍内晾干），另一种是人工干燥。晒制过程中营养物质损失途径有呼吸损失、机械损失和发热损失，还有日晒雨淋的损失。植物收割后，与根部脱离了联系，但植物体内细胞并未立即死亡，它们仍然要利用本身贮存营养物质的能量进行蒸发与呼吸作用，继续进行体内代谢。由于没有了从根部输送的水分和营养物质，异化过程始终超过同化过程，植物体内的一部分可溶性碳水化合物被消耗，糖类被氧化为二氧化碳和水排出植物体外。同时蛋白质也有少量降解为氨基酸，这些可溶性氨基酸，在不良条件下较容易流失或进一步分解成氨气排出。

植物在干燥过程中，叶片干燥较快、茎干干燥较慢，容易造成叶片大量脱落，应引起注意。

安全贮藏干草的最大含水量为：疏松干草 25%；打捆干草 20%～22%；大捆为 20%；切碎干草 18%～20%；干草块 16%～17%。干草水分达到 14%～17% 时，可堆垛或打捆贮存。

人工干燥的干草营养价值高，因为减少了叶片的损失，并且保留最高量的蛋白质、胡萝卜素与核黄素，缺点是不含维生素 D，要消耗大量的能源，在我国尚未应用于生产。人工干燥方法一般分为高温法和低温法两种。低温法是采用 45～50℃，青草在室内停留数小时，使青草干燥。也有用高温法，使青草通过 700～760℃ 热空气干燥，时间为 6～10 秒。

（三）干草的饲喂技术

干草饲喂前要加工调制，常用加工方法有铡短、粉碎、压块和制粒。铡短是较常用的方法，对优质干草，更应该铡短后饲喂，这样可以避免挑食和浪费。干草可以单喂，也可以与精饲料混合喂。混合饲喂的好处是避免牛挑食和剩料，增加干草的适口性，增加干草的采食量。

在饲喂时要掌握下列换算关系：1kg 干草相当于 3kg 青贮或 4kg 青草；2kg 干草相当于 1kg 精料。

二、农作物秸秆

我国秸秆年产量为 60 亿 t，主要来源于小麦、水稻、玉米、高粱、燕麦和谷子等作物。目前，仅有 5% 用作饲料，大部分被焚烧。这些秸秆的粗纤维含量高，直接喂牛时只能维持需要，不能增重。但是用适当的方法进行处理，就能提高这类粗饲料的利用价值，在肉牛饲养业中发挥巨大作用。在生产实践中，人们长期以来积累了许多改善秸秆适口性、提高采食量和提高秸秆营养价值的方法。粗饲料的加工有两种方法：一种是物理加工，主要作用是提高动物的采食量，另一种是化学处理，可起到提高消化率的作用。

（一）物理处理

即把秸秆铡短或粉碎，增加瘤胃微生物对秸秆的接触面积，可提高进食量和通过瘤胃的速度。物理加工对玉米秸和玉米芯很有效，与不加工的玉米秸相比，铡短粉碎后的玉米秸可以提高采食量 25%，提高饲草利用率 35%，提高日增重。但这种方法并不是对所有的粗饲料都有效，有时不但不能改善饲料的消化率，甚至可能使消化率降低。

（二）化学处理

通俗的说就是人们所说的："三贮一化" 技术。即青贮、黄贮、酶（微）贮和氨化。

1. 饲草的青贮技术

饲草青贮技术流程

1. 建窖（池）：青贮窖（池）要选地势高处，挖成梯形坑，规格长和宽可根据饲养数量和贮草量定，深度2m为宜（地下1.5m，地了0.5m）。窖（池）墙面用混凝土建制最佳，砖砌的墙面用2cm厚的水泥造面，每立方米可贮草500kg。

2. 原料选择：（1）带穗整株饲料专业玉米，适时收割期为蜡熟期；（2）带穗普通玉米；（3）玉米秸秆；（4）混合青贮原料（豆科、禾本科牧草）。

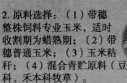

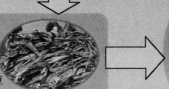

3. 铡草：用铡草机将青贮原料铡碎至1~2cm，堆放在青贮窖池旁边。

5. 封池：应快速用厚塑料薄膜覆盖，检查其完整性，再用30cm厚细土层或草泥压实封严，防止下沉裂缝、漏气、渗水。

4. 装池：将加工好的饲草立即入池，以25cm厚为一层，装一层压一层，碾压踩实，装满池后高出池面30cm为宜。水份判定标准为65%~70%，手抓捏出现水珠为宜，不足时需加水。

6. 发酵：封存的青贮饲草需经40~50天的发酵过程。

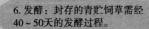

7. 品质鉴定：优等（色为黄、绿色，酒香味，pH值4.0~4.2）；中等（色为黄、暗褐色，有刺鼻酸味，香味淡，pH值4.6~4.8）；劣等（黑墨色，有霉臭味，pH值5.5~6.0）。

8. 启用：沿池壁从一侧开启，一直启用到池底形成一截面，按每天用量切下一层，切得越整齐越好，切过后的新截面用塑料薄膜覆盖压实。

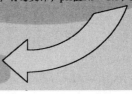

将青贮玉米铡短 3～5cm，直接入青贮池，每装 30cm 厚时就用四轮拖拉机进行碾压，四周边缘在碾压过后，还要用人脚踩踏，青贮饲料的湿度以 65%～70% 最佳，检查水分是否适宜，其方法是：用手抓起碾压后的原料，双手扭拧、指缝滴水成线状，湿度偏大；指缝无液体，松开手掌发明，湿度偏低；指缝有液体而不滴水为宜。装填到高出窖上沿 40cm 后，为防止接触棚膜的一层变质腐烂，在原料表面积 250g/m² 均匀撒食盐，然后盖上无毒长寿膜，膜上铺上一层草，再盖上 20cm 厚的土，随时观察，如有下沉或有裂缝，应及时修填拍实，并在四周挖好排水沟。

青贮饲料装填后 40～60 天即可开窖取用，取料自上而下，取面要平整，取后用棚膜盖好，防止料面暴露二次发酵。优质青贮料为青绿色或者黄绿色，酸香味，质地紧密，黄叶保持原状，品质低劣的多为黄褐色，墨绿色或黑色，质地松软，失去原来茎叶的结构，带黏性，有臭味，这种青贮料不能喂牛。用优质青贮料喂牛时，开始时与其他饲料掺喂，由少到多，喂量一般不超过日粮总量的 1/2，育肥牛每头日喂量 10～12kg，犊牛每头日喂量 3～5kg。

2. 饲草黄（酶）贮技术

先将 5g 乳酸菌倒入 200ml 糖水溶液（200ml 温水＋一小勺白糖），静置 2 小时后，用水稀释喷洒在事先铡好的 1t 玉米秸秆上，再取 10 碗玉米面或者麸皮与 1kg 饲料酶混匀一并洒在秸秆上，边洒边拌，直至拌匀为止，黄贮饲料的湿度以 65%～70% 最佳，检查水分是否适宜，其方法是：用手抓起碾压后的原料，双手扭拧、指缝滴水成线状，湿度偏大；指缝无液体，松开手掌发明，湿度偏低；以指缝有液体而不滴水为宜。拌匀后入池，每装 30cm 厚时就用四轮拖拉机进行碾压，四周边缘在碾压过后，还要用人脚踩踏，装填到高出窖上沿 40cm 后，为防止接触棚膜的一层变质腐烂，在原料表面积 250g/m² 均匀撒食盐，然后盖上无毒长寿膜，膜上铺上一层草，再盖上 20cm 厚的土，随时观察，如有下沉或有裂缝，应及时修填拍实，并在四周挖好排水沟。黄贮饲料的时间长短根据外界温度而定，一般 5℃ 以下，需 8 周以上；5～20℃，需 4 周左右；20℃ 以上，需 1 周，黄贮饲料成熟后，开封饲喂，应从池口一角开始，从上到下取用，每次取出的饲料应当天喂完。取后立即封口，以免雨水、空气进入引起变质。良好的黄贮饲料色泽呈橄榄绿，具醇香的果品味，质地柔软，开始饲喂与其他饲料混喂，然后逐渐增加用量，一周后达到全量，一般育肥牛每头每天可喂 10～15kg，个体小的牛可喂 5～8kg。

饲草酶贮技术流程

2. 铡草：粉碎机粗筛粉碎或者人工铡草长度掌握在2cm左右。

把加工好的饲草堆放在水池地面上

1. 原料：小麦、玉米、高粱等农作物秸秆及衣子。
　　要求不能有雨淋变色和霉变

3. 加水：干草与水的比例1：1.2～1.5，即100kg干草加水120～150kg（水分在60%～70%的青秸秆不加水）。
加水后的饲草用手捏能成团而不滴水松手即散

4. 配料：饲料酶用量为干草的0.1%，即100kg干草用饲料酶0.1kg（2两）；麸皮用量为饲料酶的20～30倍，即100kg干草用麸皮2～3kg；食盐用量为干草的0.5%～1%，即100kg干草用食盐0.5～1kg。
　　以上3项配料混合后均匀地拌入加水后的饲草中

专用酶贮袋一般每袋贮草80kg，加水约120kg，麸皮2kg，饲料酶80g（1.6两），食盐0.5kg（封口时表层再撒0.25kg）。

5. 装袋①分层装填踩实，每层20～30cm（6～9寸）；②装满后表层撒食盐0.25kg（半斤）；③用塑料薄膜包口再用绳子扎紧封口，上面压上重物；④放置在背风向阳处，冬季放在室内或温棚内，要求温度在5℃以上，如发现袋子破损及时用胶带粘补。
　　技术关键：踩实密封。水份与温度适宜

装池：分层装填踩实，每层20～30cm（6～9寸），装完后高出池上沿25cm用塑料薄膜覆盖压土20cm（6寸）封口。
池贮每立方米250kg左右。

6. 饲喂①酶贮时间与气温密切相关，一般情况下5～9月需7天左右，初春和深秋需15天左右，冬季放在5℃环境下需28天左右；发酵完成较好的酶贮草呈麦黄色并有较浓的酸香味；②用时从一角开始由上而下逐层取出（池贮从一端开始取成一个截面，取出后立即封口，防止二次发酵造成腐败；③第一次饲喂酶贮要与其他饲草混合由少到多，逐步增加到每只每天1～1.5kg，每头牛每天5～8kg。

3. 饲草氨化技术

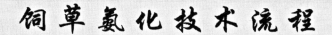

饲草氨化技术流程

1. 原料：小麦、玉米、高粱等农作物秸秆。
　要求不能有雨淋变色和霉变。

2. 铡草机或者人工铡草长度掌握在1～3cm把加工好的饲草堆放在水池地面上无水泥地面可用塑料薄膜代替。

4. 配料：尿素用量为干草的3%～5%，即100kg秸秆用尿素3～5kg，用水40～45kg制成水溶液。

3. 加水：干草与水的比例1∶（0.4～0.45），即100kg干草加水40～45kg。

5. 装袋：①分层装填踩实，每层20～30cm（6～9寸），按每层均匀喷洒尿素水溶液。②装满后用绳子扎紧封口，上面压上重物。③放置在背风向阳处，冬季放在暖棚内，要求温度在10℃以上，如发现袋子破损及时用胶带粘补。
技术关键：踩实、密封，水份与温度适宜

　装池：分层装填踩实，每层20～30cm（6～9寸），按每层均匀喷洒尿素水溶液，装一层喷洒一层，装满后高出池面25cm用塑料薄膜覆盖压细土20cm封口。

6. 启用饲喂：氨化时间与气温密切相关，气温在30℃以上时，需5～7天；20～30℃时，需7～14天；10～20℃时，需14～28天；0～10℃时，需28～56天。
饲喂前要将氨味提前一天放净。

将农作物秸秆铡成 5～8cm，以尿素为氨源，将秸秆重量 5% 的尿素溶于水中，制成 100～150g/ml 的尿素溶液，每 100kg 秸秆喷洒 30～40kg 尿素溶液，使氨化秸秆含量达到 50%，充分搅拌后于水泥池内装满压实，上盖塑料薄膜密封，薄膜上铺上 20cm 厚的土，四周也用土压紧，夏季需 20～30 天，春季需 30～40 天，冬季需 60～90 天就可以氨化好，氨化好的秸秆饲草使用前应放氨 1～2 天，然后从池子里挑出来堆放在草房里，紧接着装下一池。氨化好的的秸秆质地柔软，气味糊香，粗蛋白含量可提高 1～2 倍。因采食量和消化率的提高，能量转化率可提高 10%～15%。饲喂方法是：开始与其他秸秆饲草混合饲喂，待适应后，可全部用氨化秸秆饲喂。

（三）青贮窖建造

1. 选择合适的地方

必须选择地下水位低、地势较高、平坦、土质坚实、排水条件好的地方。为了取用方便，窖址应靠近畜舍。青贮窖一般有地下式、半地下式和地上式 3 种。前者适于地下水位较低的地方，地下水位较高的地方应采取后两种。半地下式和地上式青贮窖，既便于制作，又便于取料，入口敞开，三面墙用石砌或混凝土浇筑，地面也用混凝土浇筑，要保证长期经久耐用。

2. 确定青贮窖形状、大小

应根据地形、贮量、饲养肉牛多少、每天用量等因素决定需要建造青贮窖的形状、大小。形状一般以长方形为宜，地上式一般深 2m，半地下式一般为地下 1.5m，地上 1m，宽度和长度可根据肉牛多少和地形条件决定，一般家庭养牛较少的可建成宽度为 1.5～2.0m、长度不低于 3～4m 的长方形窖，但缺点是不能用机械压实，需要人工踩实。中型青贮窖的宽度可在 3～8m，大型青贮窖一般为 8～15m，青贮窖的长度一般不低于宽度的 2 倍，要保证有足够的空间，便于机械压实。窖壁要砖或石头垒砌 50cm 厚，水泥勾缝抹光（或直接用混凝土浇筑），地面为 15cm 左右混凝土，以保证青贮质量。

青贮窖的大小，可根据各种家畜青贮饲料日喂量和原料容重作参考，从而计算出整个青贮窖的容积。青贮窖的容积计算如下：

长方形窖的容积计算：$V = A \times B \times H$

V：容积（m^3）　　　　　　A：窖长（m）

B：窖宽（m）　　　　　　　H：窖的深或高（m）

沟或壕的容积计算：$V = (A + B) / 2 \times H \times L$

V：容积（m^3）　　　　　　A：沟或壕的上口宽（m）

B：沟或壕的上口宽（m）　　　H：沟或壕的深或高（m）

L：沟或壕的深或高（m）

求得青贮窖的容积后，再根据青贮原料的容重计算青贮量（表3－7）：

青贮量＝容积×容重

表3－7　各种青贮饲料的单位容积重量

青贮饲料（切碎）	容积重量（kg/m³）
全株玉米	600～700
去穗（瓣棒）玉米	500～600
玉米秸秆	500～550
牧草、野草	600

3. 建筑要求

三面围墙（窖壁）采用混凝土浇筑（中间加钢筋），厚40cm，或用石块砌筑，厚50cm，水泥勾缝抹面，地面采用混凝土浇筑，厚15cm左右。窖壁和地面要求光滑平整。

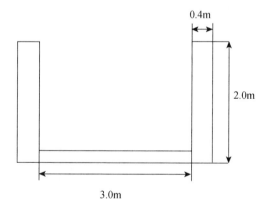

地上式青贮池正视（剖面）示意图

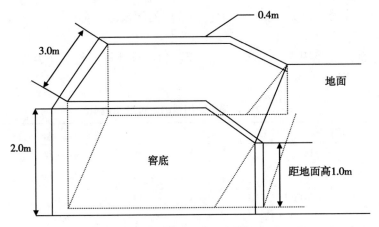

半地下式青贮池示意图

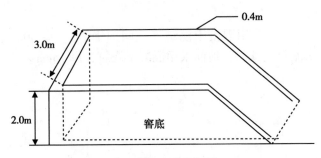

地上式青贮池示意图

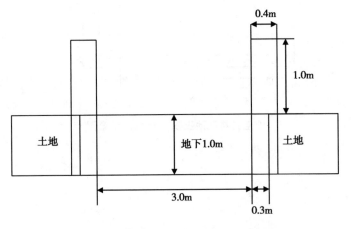

半地下式青贮池正视（剖面）示意图

第三节 农副产品饲料

一、植物副产品

植物副产品可以分为两类，一是高粗纤维副产品，二是高能量副产品。粗纤维副产品的能量低，包括棉籽壳、稻壳、花生壳、豆壳、果壳、甘蔗渣、果皮、藤类和玉米芯。高能量副产品包括糖蜜、面粉副产品和干甜菜渣。

二、动物副产品

羽毛、骨、结缔组织、脏器、血液、肉渣和蹄都可以作为饲料中蛋白质、维生素和矿物质的补充料。

动物的粪便经适当处理后也可以作为肉牛的饲料。其处理方法包括：深池发酵。指把粪便收集在深池内发酵几周，使温度达到 70℃ 以上，杀死病原菌，然后饲喂肉牛。致病菌在 80℃ 就不能生长，在 145℃ 时几分钟就被杀死；青贮法。利用青贮过程的发酵产热也可以杀死粪便内的病原菌。

鸡的肠道较短，对饲料消化不完全。干燥鸡粪内约含 30% 的粗蛋白质，含水量不超过 15%，粗纤维低于 15%，灰分约 30%，羽毛 1%。鸡粪用于喂肉牛时的主要加工方法有二：一是脱水。用加热法脱水，使鸡粪的病原菌杀死，便于贮存和运输，缺点是成本太高。二是青贮。可以将鸡粪与粗纤维混合青贮，水分含量为 44%，青贮 6 周效果最好。

三、农业加工副产品

许多农产品加工副产品都可以作为饲料，一些糟渣类饲料的营养成分见表 3–8。

（一）发酵副产品

啤酒工业和白酒工业的发酵副产品具有很高的营养价值。啤酒干酵母是 100% 的酵母固体，富含 B 族维生素、蛋白质、矿物质和未知生长因子。干啤酒糟含 65% 的可消化养分和 21% 的可消化蛋白质。酒糟残液也含有很丰富的蛋白质、能量、亚油酸和未知生长因子。干酒糟也是很好的蛋白质和能量来源。

（二）木材和造纸业副产品

串状酵母菌和木糖蜜是木材加工过程中的菌类物质和糖类可作饲用的副产品。

表3-8　糟渣类饲料的营养成分

名称	干物质（%）	维持净能（MJ/kg）	增重净能（MJ/kg）	占干物质的百分比（%）			
				粗蛋白质	粗纤维	钙	磷
豆腐渣	11.0	9.03	5.94	30.0	19.1	0.45	0.27
玉米淀粉渣	15.0	8.49	5.85	12.0	9.3	0.13	0.13
蚕豆粉渣	15.0	4.31	2.42	14.7	35.3	0.47	0.07
高粱酒糟	37.7	8.49	5.56	24.7	9.0	0.16	0.74
白酒糟	35.0	7.11	4.18	8.0	21.4	0.63	0.34
啤酒糟	23.4	6.73	3.97	29.1	16.7	0.38	0.77
甜菜渣	8.4	7.11	4.6	10.0	31.0	0.95	0.60
饴糖渣	28.5	6.27	3.43	31.6	14.4	0.32	0.46

（三）面包副产品

制作面包的粮食种类很多，其副产品是含可消化能很高的能量饲料。

第四节　饲料补充料

饲料补充料是指提高基础日粮营养价值的浓缩料，含有蛋白质或氨基酸、矿物质或维生素。补充料可以直接饲喂，也可以与氨基酸日粮混合后饲喂。主要功能是防止营养缺乏症，保持肉牛的最快生长速度。

一、蛋白质补充料

蛋白质含量在20%以上的饲料都可以称为蛋白质补充料，根据来源，蛋白质补充料可划分为植物性蛋白质、动物性蛋白质、非蛋白氮和单细胞蛋白。

（一）植物蛋白质

这类蛋白质包括豆饼、棉籽饼、亚麻饼、花生饼、葵花籽饼、菜籽饼和椰子饼，它们的蛋白质含量和饲养价值变化很大，取决于种类、含壳量和加工工艺。

（二）动物蛋白质

动物蛋白质主要来自肉类加工厂、炼油厂、乳品厂及水产品的不可食用组织，如肉粉、肉骨粉、血粉、羽毛粉和鱼粉等，其中，鱼粉的氨基酸平衡、矿物质和维生素丰富，是优质蛋白质饲料。羽毛粉含蛋白质85%，也可以喂牛。使用动物性蛋白质时应注意以下问题：①因含脂肪多，容易氧化腐败；②易被细菌污染；③成本较高。

（三）非蛋白氮

肉牛瘤胃内的微生物可以合成蛋白质，可以用部分非蛋白氮代替蛋白质饲喂肉牛，但是矿物质和碳水化合物的供应要平衡。尿素、氨化糖蜜、氨化甜菜渣、氨化棉籽饼、氨化柑橘渣、氨化稻壳都是非蛋白质的来源。最近，含非蛋白氮（NPN）的液体蛋白质补充料正在增加，市场上已经有缓释非蛋白氮出售。

常用的非蛋白氮为尿素，含氮量46%，粗蛋白质含量28%。当日粮的可消化能含量高、粗蛋白质含量在13%以下时，可以添加尿素。添加尿素时，要注意补充硫，使氮硫比达到15∶1，要把尿素均匀混入精饲料中，尿素的喂量可占日粮粗蛋白质总量的33%，要让肉牛有5~7天的适应期，少量多次，注意补充维生素A，注意在日粮内添加0.5%的盐。

（四）单细胞蛋白

单细胞蛋白，如酵母、海藻和细菌，可以作为蛋白质和维生素的来源。这种饲料的安全取决于所用的菌种，底物和生长条件。

二、氨基酸补充料

蛋白质由22种氨基酸组成，对肉牛最关键的是精氨酸、胱氨酸、赖氨酸、蛋氨酸、色氨酸5种限制氨基酸。这5种氨基酸在一般饲料内的含量都很低（表3-9），故多在补充料内添加人工合成的限制性氨基酸，添加量可参考营养需要量。

表3-9 几种主要饲料的限制性氨基酸含量高低

饲料名称	限制性氨基酸含量
大麦	色氨酸和赖氨酸含量低
玉米	赖氨酸和色氨酸净含量低
高粱	赖氨酸含量低
豆饼	蛋氨酸低，赖氨酸高
玉米面筋	赖氨酸含量高

三、矿物质补充料

矿物质补充料是一种或几种元素组成的补充料。常量元素包括钙、磷、镁、硫。微量元素包括铜、铁、碘、锰、锌、钴和硒。

四、维生素补充料

饲料维生素含量变异很大，受植物品种、部位、收割、贮存和加工的影响，维生素易受热、阳光、氧和霉菌的破坏，而肉牛对维生素的需要量很小。因此，现代畜牧业中主要依靠维生素补充料满足动物的需要量。对成年肉牛，维生素 A、维生素 D 和维生素 E 都容易缺乏，其中维生素 A 容易缺乏。正常情况下，肉牛瘤胃能合成 B 族维生素和维生素 K，在舍饲时应该注意补充维生素 D。

（一）维生素 A 和胡萝卜素

青绿饲料和黄玉米含有丰富的胡萝卜素，胡萝卜素A原，在肉牛体内可以转化为维生素 A，或用添加化学合成的维生素 A 提供，维生素 A 既可以加在饲料内饲喂，也可以肌肉注射。

（二）维生素 D

对舍饲肉牛要补充维生素 D，如果肉牛每天晒太阳的时间在 6 小时以上，就不需要在日粮内另外补维生素 D。缺乏维生素 D 时肉牛易患佝偻病和骨软症。

（三）维生素 E

维生素 E 对繁殖和肌肉的质量有影响，植物的叶、谷物都含有较多的维生素 E，一般肉牛的饲料内不需要添加。但是对应激、运输和免疫力差的肉牛，应该补充维生素 E。

（四）维生素 K

瘤胃微生物能合成足够的维生素 K，无须给肉牛日粮内添加。

（五）B 族维生素

8 周龄前的犊牛要补充 B 族维生素，8 周龄后瘤胃微生物能合成足够的 B 族维生素，不需再补加。

优质牧草栽培技术

第一节　主要禾本科牧草栽培技术

一、无芒雀麦

无芒雀麦又称雀麦、光雀麦、无芒草、禾萱草，原产于欧亚两洲，为世界最重要的禾本科牧草之一。其野生种广布于亚洲、欧洲和北美洲的温带地区，多分布于山坡、道旁、河岸。现在该草已成为亚洲、欧洲和北美洲的干旱寒冷地区的一种重要栽培牧草。我国东北于1923年开始引种栽培。新中国成立后，北方地区普遍进行栽培，效果良好。目前，我国东北、华北、西北等地均有分布，在内蒙古高原多生长于草甸暗栗钙土地带，往往以无芒雀麦草为优势种形成自然群落。

无芒雀麦适应性广，生命力强，是一种适口性强、饲用价值高的牧草，也是一种极好的水土保持植物。它不但在北方有大面积栽培，在南方各地试种效果也较好，是全国各地都有栽培价值的重要牧草之一。

（一）植物学特征

无芒雀麦为禾本科雀麦属多年生牧草。

1. 根

根系发达，具短地下茎，多分布在10cm内的土层中，蔓延很快，就结成草皮。

2. 茎

直立，圆形，高50~100cm（栽培种高90~130cm）。

3. 叶

叶片色泽淡绿，长而宽（6~8cm），一般5~6片，表面光滑，叶脉细，叶缘有短刺毛。叶鞘呈圆筒形，闭合、光滑，但幼时蜜被毛茸，长度常超过上部节

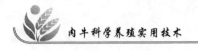

间无叶耳，叶舌膜质，短而钝。

4. 花

圆锥花序，长 10~20cm（栽培种达 16~30cm）。每个花序约有 30 个小穗，穗枝梗为雀麦中最短者，一般很少超过 3~5cm，轮生，穗轴每节轮生 2~8 个，每枝梗上着生 1~2 个小穗，开花时枝梗张开，种子成熟时收缩。小穗近于圆柱形，由 4~8 朵花组成。

5. 颖果

狭而尖锐，2 枚，大小不等，膜质，不脱落。外稃具 5~7 脉，顶端微缺，具短尖头或 1~2mm 的短芒，内稃较短，薄如膜；子房上端有毛，花柱生于其前下方。

6. 种子

扁平，暗褐色。千粒重 2.44~3.74g。

（二）生物学特性

1. 耐寒性

无芒雀麦对气候的适应性很强，特别适于寒冷干燥的气候，而不适应高温、高湿的地区。一般土壤温度 20~26℃ 根系和地上部分生长最适宜的温度。但在海拔 3 000m，冬季最低温度在 -30~-28℃ 的地方也能正常生长。在东北有雪覆盖的情况下，-48℃ 的低温，越冬率仍达 83%。因此，无芒雀麦是一种比较能适应寒冷气候的牧草。

2. 抗旱性

无芒雀麦属中旱生植物，适宜生长在年降水量 400~500mm 地区。耐水淹的时间可长达 50 天。

3. 土壤适应性

无芒雀麦对土壤的要求不严格。适宜在排水良好而肥沃的土壤和/或黏土壤区生长，在轻沙质土壤中也能生长。在盐碱土和酸性土壤中表现较差，不耐强碱和强酸性土壤。

4. 生长发育特性

无芒寿命很长，管理适当，利用期可达 30 年以上，是栽培牧草中寿命较长的牧草。无芒雀麦地下部分生长较快。在播种当年到分蘖时，根系入土深度已达 120cm，入冬前可达 200cm。生活第二年的根系产量（6~50cm）为每 $667m^2$ 为 800kg，2 倍于地上部分。地下茎比较发达，根茎入土深度因牧草品种和土壤透气性的差异而有所不同，一般处于 5~15cm 的土层内。根茎约占根量的 20%，对于增强耐牧性、无性更新的能力及保持高产都起着良好的作用。

无芒雀麦在适宜的生境条件下，播种后 10~12 天即可出苗，35~40 天开始分蘖。播种当年一般仅有个别枝条抽茎开花，绝大部分枝条呈营养状态。在栽培的草地施用磷肥可促进根茎和分蘖的发育，当年可有 10% 以上的抽穗植株，并在根茎的末端发生新的分蘖苗。生长第二年的植株返青后，50~60 天即可抽穗开花，花期延续 15~20 天。开花顺序先从圆锥花序的上部小穗开始开放，逐渐延及下部。在每个小穗内，则是小穗基部的小花最先开放，顶部的小花最后开放，一个花序开花延续的时间为 10~15 天，以开始开放的前 3~6 天开花最多，随后逐渐下降。天气晴朗无风时开花比较集中，一日内以 16：00~19：00 时开花最多，19：00 时以后很少开花，夜间和上午根本不开花。小花开放比较迅速，开裂后 3~5 分钟即见花药下垂，柱头露出颖外，开放时间延续 60~80 分钟之后开始闭合，外稃向内稃靠近，0.5 小时之内完全关闭。授粉后 11~18 天种子即有发芽能力，但刚收获的种子发芽率低，贮藏第二年的种子发芽率最高。

无芒雀麦产草量的高峰出现在抽穗期，其再生草所占的比重也较大，是一种比较早熟的牧草。粗蛋白质含量亦以抽穗达到最高，开花期次之。多年生牧草产革量的高峰，多在生长的第二年，如生长期内雨量、湿度适当，无芒雀麦产量的高峰可延续到生长的第三年。

无芒雀麦具有发达的地下茎，随着生长年限的增加，根茎蔓延，到了第四年、第五年往往草皮絮结，使土壤表面紧实，透水和通气受阻，营养物质分解延缓，因而产量下降。因此，耙地松土、复壮草层是无芒雀麦草地管理中的一项重要措施。耙地复壮不仅可以提高青草产量，也能增加种子的产量。

（三）栽培技术

1. 整地

无芒雀麦根茎发达，容易絮结成草皮，使土层密结，耙地困难，所以，只能配置在专门饲料地内而不宜安排在大田轮作中。

播前精细的整地是保苗和提高产量的重要措施。特别是在气候干旱而又缺少灌溉条件的地区，秋季深翻加深耕作层，保蓄土壤水分，减少田间杂草，使无芒雀麦根系更好地发育，是获得高产的前提，如要夏播，须在播前浅翻，然后耙耢几次再行播种。

整地结合施基肥，对无芒雀麦的生长发育有良好的效果。底肥除播前施用外，还可于每年冬季或早春施人。一般每亩施厩肥 1 000~1 500kg，过磷酸钙 15kg。播种时每亩可施种肥（硫酸铵）5kg。

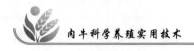

2. 播种

种子要用新鲜的或贮藏年限短的种子。贮藏 4 ~ 5 年的种子最好不要用于播种。因其发芽率低。为了充分利用地力，提高产量，增加当年收益，应当进行保护播种。进行保护播种时必须注意选择适宜的保护作物，一般以早熟种为好。在保护播种情况下，要及时收获保护作物，这样有利于无芒雀麦的生长发育。

播种时期，温带地区春、夏、秋均可播种。在北方春旱严重的地区，在夏天雨季播种效果较好，如进行春播，最好加保护作物，以防风、旱和杂草的危害，并能当年有所收入。南方多在 9 月播种。无芒雀麦可单播，也可以与紫花苜蓿、三叶草、野豌豆等豆科牧草进行混播。单播时一般采用条播，行距 15 ~ 30cm。播种量每 667m² 为 1.5 ~ 2kg。如作种子田，适当放宽行距。一般以 45cm 为宜。播种量为 1 ~ 1.5kg。如与紫花苜蓿等混播，无芒雀麦播种量每 667m² 为 1 ~ 1.5kg。紫花苜蓿为 0.25 ~ 0.4kg。播种深度，一般较黏性土壤为 2 ~ 3cm，沙性土壤为 3 ~ 4cm，在春季干旱多风的地区为 4 ~ 5cm。

3. 田间管理

播后应注意中耕除草。当无芒雀麦生长到第四年以后，根茎积累盘结形成草皮，有碍土壤蓄水透气及草的生长，需要进行耙松土，切破草皮，改善土壤的通透状况，促进分蘖和分枝的发生。无芒雀麦需氮肥较多，需注意充分施用氮肥，尤其在单播及瘠地种植时应多施用。在拔节、孕穗或每次收割后追施氮肥，可显著提高产草量和种子产量。若施肥结合灌水，效果更好。另外，还要适当施用磷、钾肥。如与豆科牧草混播，在酸性土壤上也要注意施入石灰。

4. 病虫害防治

无芒雀麦虫害较少。常见病害有白粉病、条锈病和麦角病等。患白粉病或条锈病病株大部分表面出现白粉状病斑或长圆形疮斑，破裂后露出红褐色或黑色粉末状病斑，可用石硫合剂、代森锌、托布津、敌锈纳等杀菌剂防治；受麦角病为害病穗在后期生出紫黑色角状菌核（麦角）使人、畜受害，应清除种子菌核，严重的应轮种倒茬。

5. 收获

无芒雀麦在抽穗至扬花时可收割，第二年以后生长的可收割二次。当 50% ~ 60% 的小穗变为黄色时可收子粒，每 667m² 产籽粒 15 ~ 45kg。

（四）饲用价值

无芒雀麦叶多茎少，营养价值高，适口性很好，各种家畜均喜食，羊尤喜食。在我国北方人工栽培的草地，每 667m² 产干草 300 ~ 400kg。高产的可达

500kg 以上。一般连续利用 6 ~ 7 年，在管理水平较好的情况下，可以维持 10 年以上的稳定高产。由无芒雀麦构成的人工草地，可用以放牧，也可以割草。由于无芒雀麦根茎发达，再生性强，耐践踏，一般每年割 1 ~ 2 次制作干草，再生草作放牧利用，利用效率高。

二、扁穗冰草

扁穗冰草又称羽状冰草、冰草、野麦子、麦穗草，原产于东欧，后扩展到西伯利亚，是温带干旱草原区和荒漠草原区最重要的牧草。我国主要分布在东北、西北和华北干旱草原地带，并是该地带草原群落的主要伴生物种，现已在我国北方有广泛的栽培。

(一) 植物学特征

扁穗冰草为禾本科冰草属多年生草本植物。

1. 根

具有地下茎，为疏丛型。株高 30 ~ 60cm，具有 3 节，被短茸毛。根须状密生，具有砂套，入土深达 100cm。分蘖横走成为根茎，长达 10cm。

2. 茎

茎直立，高 40 ~ 90cm，基节膝状弯曲，上被短茸毛。

3. 叶

叶长 5 ~ 6cm. 长者超过 10cm，平展或内卷，叶鞘紧密包茎。叶面密生茸毛。

4. 花

穗状花序，直立，小穗无柄，明显地紧密排于穗轴两侧为两行，呈羽状，长 3 ~ 7cm。每花序有 30 ~ 50 个小穗，花期 7 ~ 9 个月。小穗含 4 ~ 7 朵花。

5. 果

实颖果，呈舟形，常为一脊或二脊，外颖有芒或长于颖，一般结实 3 ~ 4 粒。外稃有短芒。

6. 种子

千粒重 29g。

(二) 生物学特性

1. 耐寒性

根部发达，具有地下茎，具有砂套，耐寒能力很强，种子在 2 ~ 3℃ 即可发芽，日平均气温稳定在 3℃ 左右的 3 月中旬返青，比紫花苜蓿返青早 1 周。枯萎晚，一般 12 月中旬枯萎。在西北、东北能安全越冬，但不耐夏季高温。华北地区夏季高温期间，日平均气温≥22℃，最高28℃时，植株生长停滞。在夏季遇干

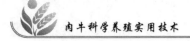

热便处于休眠状态。

2. 抗旱性

扁穗冰草为典型草原型广幅旱生植物，抗旱，年降水量 200~400mm 地区即可生长，年降水量在 250~600mm，大于或等于 0℃的积温为 2 500~3 500℃的地区，较为适宜。干旱严重时生长停滞，一遇雨水即迅速生长。

3. 土壤适应性

扁穗冰草对土壤要求不严，适应性强，可在沙性或黏性土壤生长，半沙漠地带也能生长，耐碱性较强，不能忍受盐渍化和沼泽化，所以，在高寒干燥的草原和半荒漠区可以栽培。

4. 生长发育特性

扁穗冰草生命力强，是长寿禾本科草，一般早春即可萌生，西北 4 月即返青，6~7 月中下旬抽穗，8 月中下旬成熟。播种当年生长缓慢，仅少数植株能抽穗。本草越冬性良好，分蘖力强，当年可达数 10 个，分蘖节位于表土以下 2cm，从分蘖节产生的嫩枝呈锐角穿出地表发育成茎，从新茎下又可长出分蘖成为新茎，故全株呈疏丛状。新生的嫩枝当年不能发育成生殖枝，处于叶鞘内或叶片下。在优良的条件下，便成为稠密多叶的株丛。

（三）栽培技术

扁穗冰草在草原上或干旱天然草场上生长较差，秆少株不高，分蘖不盛，但在人工草地栽培条件下，则生长旺盛，是一种优良牧草。扁穗冰草种子较大，纯净度高，发芽较好，出苗整齐，但当年生长缓慢，建立人工草地时应抓好以下工作。

1. 整地

播种前要精细整地，如春播，应在前一年夏秋季翻地，并施足基肥。播前耙耢，使地面平整，干旱地区播前要镇压土地。有灌溉条件的地区，可在播前灌水，以保证播种时墒情。

2. 播种

在北方地区，春夏播种均可，但在春季少雨多风地区，以夏季落雨时播种为宜，不能晚播，东北、华北地区多在 6 月中旬至 7 月上旬，西北地区多在 7~8 月。一般采用条播，撒播也可。条播时播种量 0.75~1.5kg/亩，播深 2~3cm。播后适当镇压。扁穗冰草也适于混播，第一年与燕麦混播，有利于草地提早建成，或与其他豆科、禾本科牧草混播。混播时播种量减半。撒播时播种量为 3~3.75kg/亩。

3. 田间管理

出苗后应加强田间管理，在幼苗期由于生长缓慢，要及时中耕除草。生长期

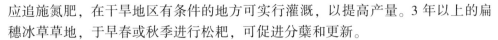

应追施氮肥，在干旱地区有条件的地方可实行灌溉，以提高产量。3 年以上的扁穗冰草草地，于早春或秋季进行松耙，可促进分蘖和更新。

4. 收获

收割时期以抽穗期至始花期收割为宜，第二年收割留茬要高，以利于分蘖，防止缺苗。再生草常用来放牧。收获种子以蜡熟末期至完熟始期为宜。

（四）饲用价值

扁穗冰草是一种放牧、收割兼用的优良收草，质地柔软，适口性好，各种家畜均喜食。营养价值高，青草产量在旱作条件下，一般为 250～500kg/亩（1 亩≈667m² 全书同），水肥条件优良时，一般为 1 000kg/亩，折合干草 250kg/亩。种子产量为 20～50kg/亩。

三、猫尾草

猫尾草又称梯牧草，是世界上最重要的牧草之一，欧、亚、美等地区均有分布，在俄罗斯为骨干草种，各地均有栽培。我国 20 世纪 30 年代引入，在西北、东北等地有野生种，东北、华北、西北等地生长良好，可作为辅助当家草种供建立人工草地用。

（一）植物学特征

猫尾草为禾本科猫尾草属多年生草本植物。

1. 根

须根发达，入土较浅。具有根状茎。

2. 茎

直立，多从基部产生分枝，具 6～9 节，节间短，节外呈紫色，基部最下一节往往膨大成球形并宿存枯萎叶鞘，株高 80～110cm。

3. 叶

叶鞘松弛抱茎，通常长于节间，光滑无毛。叶片扁平，有时呈沟槽状，长 10～30cm，宽 0.3～0.8cm，两面粗糙。

4. 花

穗状花序，直立，小穗长卵形，排列成紧密的圆筒状，长 5～10cm，每个小穗 1 花。

5. 果实

颖果，种子与颖易分离。

6. 种子

细小，千粒重 0.30～0.38g。

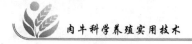

（二）生物学特性

1. 耐寒性

猫尾草喜冷凉湿润的气候条件，适宜生长在气候温和、不干不湿的地区。春播的猫尾草，在土壤温度为 8～10℃ 的条件下，6～8 天即可发芽。抗寒性较强，幼苗和成株均能忍受 -4～3℃ 的霜寒。在西北、东北等地能安全越冬。在西北地区海拔 2 500m 处，年平均气温 5.7℃，≥0℃ 的积温为 2 609℃ 的地区，生长良好，种子能成熟。不耐热，在 35℃ 以上的持续高温干燥条件下，一般不能安全越夏。

2. 抗旱性

猫尾草根系入土较浅，抗旱性较差，适宜生长地区的年降水量为 750～1 000mm。东北北部年降水量多在 500mm 左右，冬季少雪，春旱较重，土壤水分不足，猫尾草多生长不良。但在灌溉条件下仍可生长茂盛，产量高，品质也好。耐湿性较差，土壤过于潮湿或低洼内涝地区均生长不良。

3. 土壤适应性

猫尾草对土壤要求不严，适应性强，各种土壤均能生长，但以水分充足的壤土或黏壤土最为适宜。喜微酸性至中性的土壤，适宜 pH 值 4.5～5.5。石灰含量过多，碱性较大的土壤不适宜猫尾草生长。

4. 生长发育特性

猫尾草于 3—4 月返青，7—8 月开花，8—9 月种子成熟。猫尾草为长寿命植物，一次种植可利用 5～6 年，管理条件好，可生长 10～15 年。第二年以上产草量最高，第五年以后产草量下降。

（三）栽培技术

1. 整地

猫尾草种子细小，出苗和保苗均较难，因此，要选在土壤结构良好的土地种植，并保证良好的整地质量。最好秋翻地，翻后及时耙地和压地，达到地平土碎。来不及秋翻的地要在早春翻地，耕翻深度以不少于 20cm 为宜。夏翻地则应在雨季到来之前进行，以免多雨贻误播种。

猫尾草一次种植多年利用，因此，必须充分施肥。土壤瘠薄地更应多施肥。猫尾草对氮肥特别敏感，多施氮肥，适当搭配磷钾肥，以基肥为主，每亩施优质堆、厩肥 2 500～3 000kg，翻地前施入，翻埋在深层。酸性土壤应增施有机肥，同时需施一些石灰，每亩 50～60kg，翻地前均匀施入。

2. 播种

播种期因地而异。东南、西南地区可春播或秋播，以秋播为好；华北、西北和东北南部也应秋播，但秋旱地区仍以春播为好。春播宜早不宜迟，要抢墒播种，保证出苗良好。条播，行距 15～30cm，播种深度 2～3cm，播种量为每亩0.75～1.0kg。播后进行镇压。播种时也可拌入种肥。种肥用量每亩颗粒状复合肥 5～6kg。猫尾草也可与紫花苜蓿、红三叶、白三叶等混播。

3. 田间管理

猫尾草出苗缓慢，幼苗细弱，不耐杂草。出苗后抓紧进行第一次中耕除草，到 15～20 天进行第二次中耕除草。封行之前进行第三次中耕除草。每在返青和收割之后都要中耕除草一次。

猫尾草分蘖至拔节期需肥增多，抽穗至开花期需肥最多，开花以后需肥渐少，籽粒成熟的中后期需肥最少。要根据土质和长势，按需分批分期追肥。前期以氮肥为主，后期以磷、钾肥为主。要少施和勤施，以充分发挥肥效。每亩氮肥10kg，磷肥 7.5kg，钾肥 5kg。追肥和灌溉结合效果更好。

4. 病虫害防治

猫尾草易遭黏虫、玉米螟等虫害。要及早发现，及时喷药防治。

5. 收获

当猫尾草穗头变黄，籽粒变硬时采种，割下穗头，晒干脱粒。一般每亩产种子 20～30kg。

（四）饲用价值

猫尾草草质细嫩，适口性好，为牛、羊等草食动物所喜食，可供放牧或收割。产量较高，开花前后收割，每亩产鲜草 2 000～2 500kg，干草生产率为30%～35%。在中等管理水平条件下，每亩产干草 300～400kg。

猫尾草营养价值较高，是家畜的重要饲草。其干草中干物质含量为85.7%～86.1%，干物质中含粗蛋白质 7.9%～8.5%。

猫尾草是优质的牧草，可从拔节至孕穗期放牧。与豆科牧草混播的猫尾草草地，可用来放牧奶牛或肉牛，既节省精料又能提高产品率。但易造成土壤板结和退化，因此要实行轮牧。猫尾草也可收割供舍饲用，也可进行青贮或调制干草。

四、老芒麦

老芒麦又称西伯利亚披碱草、西伯利亚宾草、垂穗大麦草。作为栽培牧草，在国外开始于 18 世纪末、19 世纪初期，俄、英、德等国都已有研究。俄罗斯作为新的牧草栽培开始于 1927 年。中国于 20 世纪 60 年代开始在西北、华北、东北等地推广种植。野生老芒麦主要分布于我国东北、华北、西北、西南等地，以及俄罗斯、朝鲜、日本等国。老芒麦对土壤要求不高，根系入土深，抗寒性很

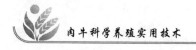

强，故在三北地区越冬性良好，是具有经济价值的栽培牧草。

（一）植物学特征

老芒麦为禾本科披碱草属多年生草本植物。

1. 根

须根密集发达，无地下茎。

2. 茎

直立或基部稍倾斜，粉绿色，具 3～4 节、3～4 个叶片，各节略膝曲，株高 70～120cm，茎秆疏丛状或簇生。

3. 叶

叶鞘光滑，下部叶鞘长于节件；叶舌短，膜质，长 0.5～1mm。叶片扁平，内卷，长 10～20cm、宽 5～10mm，两面粗糙或下面平滑。

4. 花

穗状花序，疏松下垂，长 15～25cm，具 34～38 穗节，每节 2 小穗，有的基部和上部各节仅具 1 小穗；小穗灰绿色或稍带紫色，含 4～5 朵花。

5. 果实

颖果，长椭圆形，易脱落。颖狭披针形，内外颖等长，长 4～5mm，具 3～5 脉；外界披针形，密被微毛，具 5 脉；第一外稃长 8～11mm。芒稍开展或反曲，长 10～20mm，内稃与外稃几乎等长，先端 2 裂，脊被微纤毛。

6. 种子

千粒重 3.5～4.9g。

（二）生物学特性

1. 耐寒性

老芒麦耐寒能力很强，在 -3℃ 的低温下幼苗不受冻害，能耐 -4℃ 的低温。冬季气温下降至 -36～38℃ 时，能安全越冬，越冬率为 96% 左右。在青藏高原秋季重霜或气温下降到 -8℃ 时，仍能保持青绿，有效地延长了利用时间。在西北、东北等高寒地区栽培均能安全越冬，生长良好。在西北、东北从返青到种子成熟需 120 天左右，需活动积温为 1 500 ～1 800℃，有效温度为 700～800℃。

2. 抗旱性

老芒麦属早中生植物，在年降水量为 400～500mm 的地区，可实行旱地栽培。在干旱地区种植，如有灌溉条件可提高产量。

3. 土壤适应性

老芒麦对土壤要求不严，在瘠薄、弱酸、微碱或含腐殖质较高的土壤中均生

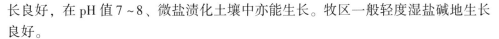

长良好，在 pH 值 7~8、微盐渍化土壤中亦能生长。牧区一般轻度湿盐碱地生长良好。

4. 生长发育特性

老芒麦的根系发达，入土较深。春播第一年，根系的分布以土层 3~18cm 处为最密，18~54cm 处次之，54cm 以下根系稀少。生长到第二年，根系入土可达 125cm。0~23cm 分布最密，23~83cm 次之，83cm 以下分布很少。分蘖节在表土层 3~4cm 处。老芒麦地上部与根系入土深度之比约为 1：1.2。生长到第三年的根系产量（10~50cm）每亩可达 635kg（干重），为地上部产量的 1 倍以上。根系发育，可以利用土壤深处水分，在旱情严重时叶片内卷，减少水分蒸发。老芒麦播种当年以营养枝为主，第二年以后则以生殖枝占优势，一般在返青后 90~120 天开花，穗状花序开花整齐，就一个花序而言，3~5 天即可完成，群体开花，也不过 10~12 天。穗状花序一般自上部 1/3 处的小穗首先开放，然后向上、下部同时开放，最后基部小穗。就一个小穗而言，基部的小花首先开放，逐次向上，小穗顶部的小花最后开放。一天内开花的时间集中在 12：00~13：00 时，其他时间极少开放。开花最适温度是 25~30℃，最适湿度是 45%~60%。老芒麦属异花授粉植物，但自花授粉率也较高；开花授粉后很快形成种子，一般 10 天左右达乳熟期。15 天蜡熟，20 天左右完熟。穗状花序中部的种子质量最好。

老芒麦具有广泛的可塑性，能适应较为复杂的地理、地形、气候条件，可以建立单一的人工割草地和放牧地，与其他禾本科牧草、豆科牧草混播可以建立优质、高产的人工草地。

（三）栽培技术

1. 整地

播种前要深翻土地，如春播，应在前一年夏秋季翻地，并施足基肥。播前耙耢，使地面平整，干旱地区播前要镇压土地。有灌溉条件的地区，可在播前灌水，以保证播种时墒情。

2. 播种

老芒麦在春、夏、秋三季均可播种。因苗期生长缓慢，春播应预防春旱和一年生杂草的危害。秋播应在初霜前 30~40 天播种，晚播苗期生长时间短，储备养分不足，易造成越冬死亡。

老芒麦种子具长芒，播种前应去芒，或加大播种机的排种齿轮间隙或去掉输种管，增强种子流动性。播种过程应注意种子流动情况，防止堵塞，保证播种质量。播种量一般每亩 1.25~1.5kg。种子田可酌量减少。老芒麦可与山野豌豆、

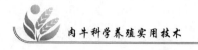

紫花苜蓿等豆科牧草混播，建成良好的人工草地。

3. 田间管理

老芒麦对水肥反应敏感，在具备灌溉条件的地方，在拔节、孕穗期灌水 1~2 次，可提高产草量及产种子量，灌水结合追施氮肥，增产效果更为突出。生长力衰退的老芒麦草地，分蘖期每亩施过磷酸钙 1.25kg，当年可增产鲜草 43.6%。

老芒麦为短期多年生牧草，栽培 4~5 年以后，产草量显著下降，因此，生产中当草群产量下降时，即可耕翻改种其他作物或牧草。

4. 收获

老芒麦再生性稍差，一般再生草产量占总产量的 20% 左右。青藏高原一般每年割干草一次，水肥充足可收获两次；温暖地区每年可收割两次，第一次应在开花前期进行。种子成熟易脱落，要及时收获，一般种子达 60%~75% 成熟时，即可进行收获。一般大面积栽培，每亩产干草 200~400kg，种子 50~150kg。

（四）饲用价值

老芒麦是披碱草属牧草中饲用价值较高的一种。其适口性好，牛、羊喜食，特别是牦牛喜食。植株无毛无味，开花前期各个部位质地柔软，花期后仅下部 20cm 处茎秆稍硬。叶量丰富，一般播种当年叶量占总产量的 50% 左右，生活第二年以后，抽穗期叶量一般占 40%~50%，茎占 35%~47%，花序占 6%~15%，再生草叶量占 60%~70%。老芒麦营养成分含量丰富，消化率高，夏秋季节对幼畜发育、母畜产仔和家畜的增膘都有良好的效果。叶片分布均匀，调制的干草各类家畜都喜食。特别在冬春季节，幼畜、母畜最喜食。牧草返青期早，枯黄期晚，绿草期较一般牧草长 30 天左右，从而提早和延迟了青草期，对各类家畜的饲养有一定的价值。

五、羊草

羊草又称碱草，是广泛分布的禾本科牧草，分布的范围在北纬 36°~67°、东经 120°~132°的广泛范围内。中国境内约占 50%。我国分布的中心在东北平原、内蒙古高原的东部和华北的山区、平原、黄土高原，西北地区也有广泛的分布。主要在半干旱半湿润地区，可以生长在沙壤质和轻黏壤质的黑钙土、栗钙土、碱化草甸土和柱状碱土的环境中，为我国温带草原地带性植物的优势种，也是欧亚草原区东部草原的基本类型。

羊草在国外主要分布在俄罗斯的贝加尔湖一带，蒙古国北部的色楞格河、鄂尔浑河和东部的克鲁伦河流域、贝尔湖滨地区。除针茅外，羊草是主要的建群种，组成大面积草原。在沟谷底部湿润地区，往往形成羊草的纯生草地。此外，在朝鲜等地也有分布。以羊草为主构成的草原牧草，富有良好的营养价值，适口性高，因此，羊草被称为草食动物的"细粮"。我国著名的三河马、三河牛和乌珠穆沁羊等优良家畜品种，就是长期放牧在羊草草原上培育而成的。

（一）植物学特征

羊草为禾本科赖草属多年生草本植物。

1. 根

须根系，具砂套，垂直向下。具有发达的下伸或横走的根茎，分布在 5 ~ 15cm 的土层中，根茎节上可以生出不定根。

2. 茎

直立，疏丛状或单生，高 30 ~ 90cm，一般有 2 ~ 3 节，生殖枝可有 3 ~ 7 节，下部节间短，上部节间长。

3. 叶

叶鞘光滑，短于节间基部的节鞘常残留呈纤维状，叶具耳，叶舌截平，纸质，叶片灰绿色或黄绿色，长 7 ~ 14cm、宽 3 ~ 5cm，质地较厚而硬，干后内卷，上面及边缘粗糙或有毛，下面光滑。

4. 花

穗状花序，直立，长 12 ~ 18cm、宽 6 ~ 10mm，穗轴坚硬，边缘被纤毛，每节有 1 ~ 2 小穗，小穗长 10 ~ 20mm，含 5 ~ 10 朵小花。

5. 果实

颖果，长椭圆形，深褐色，长 5 ~ 7mm。颖锥状，具有 1 脉，边缘有微纤毛，偏斜着生，不正覆盖着外稃；外稃披针状，无毛，5 脉不明显，第一外稃长 8 ~ 11mm。

6. 种子

细小，千粒重 2g 左右。

（二）生物学特性

1. 耐寒性

羊草是耐寒的牧草。在北方寒冷地区，越冬的植株能忍受 -40℃ 的严寒，3 月下旬或 4 月上旬，土壤解冻不久即返青。幼苗能忍受 -10℃ 左右的低温。生长在湿润肥沃之处的羊草，10 月霜后还保持青绿色。种子在 10℃ 左右发芽出苗。在天然草地，羊草的根茎主要分布在 5 ~ 15cm 的土层中；在栽培草地，根茎分布可达 20cm 的耕作层或更深。在适宜的生存环境，根茎发育旺季，一昼夜可生长 1 ~ 2cm。水分、温度、通气及营养条件愈好，根茎芽的数量愈多，生长愈快。冬季根茎芽处于休眠状态，翌春返青，形成新枝条，无性繁殖远较有性繁殖为快。

根茎能穿过坚硬板结的土层。春或夏季播种的羊草，第一年根茎可达 3 ~ 4 条，两年后发育到 5 ~ 10 条，长度一般为 1 ~ 2m，其根茎产量与地上部大致相等。地上部亩产干草 213kg 左右，地下部根茎产量可达 199.5kg 左右。

2. 抗旱性

羊草属于广域性中旱生植物，能耐旱，在年降水量 300mm 的草原地区能良好生长。当土壤含水量降低到一定限度时，羊草的生长受阻。当土壤（沙壤土）湿度为 9% ~ 10% 时，羊草叶子开始微卷，生长量减少；当土壤水分降至 6% ~ 7% 时，羊草叶尖部卷起，并出现茎秆节间矮化现象，通常羊草停止生长。羊草茎叶生长发生的变形，是羊草体内水分亏缺程度在形态上的反映，也是含水量下降的显示，可以作为草地适时灌溉的参考。羊草不耐水淹，长期积水地方常常引起大量死亡。

3. 土壤适应性

羊草为中旱生植物，喜湿润的沙壤或轻黏壤土，当干旱板结时，根茎的生长受到限制。羊草适应性强，耐盐碱，能在排水不良的轻度盐化草甸土或苏打盐土上良好生长，形成大面积单一优势种的羊草草甸，也能在排水条件较差的黑土和碳酸盐黑钙土上正常生长。羊草具有很高的耐盐碱性，是非盐生植物中耐盐碱性最高的植物种之一，能生长在总含盐量达 0 1% ~ 0.3% 的土壤中，具有广泛的适应性。

4. 生长发育特性

羊草是多年生根茎性禾本科牧草，在自然生境中，以无性繁殖为主，有性繁殖为辅，且在营养生长的同时进行生殖生长。无性枝条和有性枝条的比例对植株的再生力有明显的影响，并能影响到个体生存年限，一般无性枝条的比例愈大，再生能力愈强，个体的生存年限也越长。在天然草地中，羊草的无性枝条比例一般在 70% ~ 80%，并因不同年龄、不同生态条件而有差异。羊草的根茎分蘖力强，可向周围辐射延伸。纵横交错，形成根网，使其他植物不易侵入。根茎的生长在很大程度上取决于土壤性状。

羊草的根茎一般可生活 3 年，顶端发育伸展，下部逐渐枯死。根茎的长短、节间的数目与土壤的性质、结构和土层厚度有关。土壤疏松，土层深厚，根茎节间长，数目多；若土壤板结，根茎位于浅层土壤，节间短而数量少。在土壤肥沃，结构疏松和水热条件适当时，根茎的潜芽可以形成地上植株，而且叶肥大，植株高，抽穗少，分蘖多。在生存环境不良，土壤瘠薄、板结条件下，根茎的节部只生须根，不能形成地上植株。分蘖少，植株短的羊草，结实以后，一般在 7 月即枯死。分蘖力强的羊草，生长到秋后枯黄，产量高。

羊草的有性繁殖，由种子发生的幼苗细弱，生长缓慢。在正常情况下，播种后 10 ~ 15 天幼苗可以出土，出土后真叶呈纤细针状。

约 30 天，第五片真叶出现后，可以看出分蘖的新芽和伸展的根茎。分蘖与根茎在不同时期分化出现，随气温升高和降水量增加，生长逐渐加快，约 50 天后，根茎可达 3 条以上，长度可达 20 ~ 50cm。根茎继续发生分蘖，形成疏丛状植丛，每丛含有 3 ~ 10 个幼株。

栽培的羊草第一年幼苗生长缓慢，在第二年返青后，生长速度加快。羊草单位面积生物量，自 5 月生长速度逐渐增高，8 月中旬营养枝的产量最高。这时气温升高，雨量充沛，正是植物的生长发育旺期。从羊草地下部与地上部生物量的比值看，在天然羊草草地中其比值比较稳定，一般都在 6.0 左右。

在我国东北地区，羊草从 5 月初开始生长之后，地上部的生物量一直在增高，到 8 月中旬产草量达到高峰，此时亦是收割季节。羊草草原最适宜的收割时期，应在植物开花最盛期进行，所收获的牧草可以达到优质高产，一般是在 7 月上中旬到 8 月上旬。

从羊草生物量的年变化来看，种植后第三年，地上部的生物量最高，这时生物量在地上部和地下部分层配合处于最佳状态。

羊草干燥率（干重与鲜重之比），从 5 月生长开始之后，随生长时间的增长逐渐增高，变化幅度在 36% ~ 56%。

羊草个体的开花期约为 10 ~ 16 天，但群体开花期可长达 40 天。花期的长短与年度气候等有关。干燥温热天气花期短，气候湿润花期长。当阴天气温低，相对湿度高时，开花少。在温度低于 20℃，相对湿度低于 40% 或高于 80% 时，开花很少或不开花。适宜的开花温度为 25 ~ 30℃，适当的空气相对湿度为 60% ~ 70%。开花率与年度的气温、湿度、降水量等有关。在东北地区，干旱气候开花率为 40.6%，雨量适中为 57.08%。开花盛期约为 6 ~ 8 天（6 月中旬到下旬），前 3 天开花率最高，以后明显下降。开花时间一般在 13：00 ~ 17：00 时，占开花总数的 90% ~ 95%。中部小穗最先开花，开花率也高，上部小穗次之；下部的小穗最后开花。花药的发育受年度的气温、湿度影响较大。气温高湿度小，花药发育不良，死亡增加；湿度高温度低，花药的死亡减少。花的位置与花药的死亡有关，离穗轴较远的花，死亡率高；反之，死亡率低。羊草开花授粉后 15 ~ 20 天种子达乳熟期，25 ~ 30 天蜡熟，30 ~ 35 天完熟。羊草全生育期可达 200 天，生

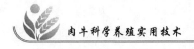
长年限可达 10 年，甚至 20 年。

（三）栽培技术

1. 整地

人工播种的羊草草地，要求比较疏松、通气良好、排水通畅、较湿润的壤质——沙壤质暗栗钙土和栗钙土，黑钙土上更能使羊草良好生长。羊草种子细小，播前必须精细整地，这是保苗增产的关键。为防止苗期发生草荒，荒地种羊草要在晚春或早夏，雨量增多，杂草盛发期翻地，这能消灭大量杂草。也可进行秋翻。耕翻深度以 18～22cm 为宜。有灌水条件的地区，最好播前灌水一次。盐碱地耕翻时要特别注意表土层厚度和碱土层深度，要躲过暗碱，实行表土浅翻轻耙；碱性过大的地块可采用深松作业或耙茬播种。翻后要及时耙压，使出苗整齐，有利于保苗。

羊草需氮肥较多，供给充足的氮肥能加速生长。一般每亩可施堆、厩肥 1 500～2 000kg，作为基肥；对于地势低，土壤有机质多的，每亩可施硫酸铵或硝酸铵 7.5～10kg，作为基肥或种肥使用。

2. 播种

羊草可用种子繁殖，也可用根茎进行无性繁殖。人工播种前，必须对种子进行清选，以提高种子净度。羊草种子清选方法以风选为宜，通过风选将空壳、瘪粒、杂草等除去。播种时间，我国北方高寒、干旱牧区夏播为宜，一般不超过 8 月上旬。羊草宜单播，行距 30cm，播种量每亩 2.5～3.5kg，播种深度 2～4cm，播后镇压 1～2 次。

羊草具有强大的根茎，在地下形成根网。根茎具有生长点、根茎节、根茎芽等，是重要的无性繁殖器官。每个根茎节上，生长新芽，出土形成地上新枝，组成新的草丛。水分、温度、通气性、土壤肥力条件愈好，根茎芽愈能良好发育，生长愈快。如人工种植，可将羊草根茎分成小段，长 5～10cm，每段有 2 个以上根茎节，按一定的行距埋入经开好的土沟，可以良好地成活发育。羊草根茎进行无性繁殖，成活率高，生长快，产草量高，是建立羊草草地的迅速途径。

3. 田间管理

羊草幼苗细弱，生长缓慢，出苗后 10～15 天才发生永久根，30 天左右开始分蘖，产生根茎。幼苗期生长缓慢，易受干旱影响和杂草覆盖，造成幼苗死亡。在苗高 7～8cm 开始分蘖和产生根茎时，可用轻型齿耙斜向耙地 1～2 次。也可人工除草 1～2 次。单一羊草草地，可用 2，4-D 等进行化学除草。二年以上的羊草草地，也可在草子未熟时，铲一遍地或拔一次草，消灭蒿属、藜属等高大杂草。

适期追肥是提高羊草产量，改进品质，防止草地退化的重要措施。长期利用的草地，每年吸取大量营养物质，特别是氮元素，必须补充。一般每施氮肥 1kg，约可增产干草 11kg。

羊草为根茎性牧草，生长年限过长，根茎纵横交错，形成致密的草皮，土壤通气性变差，产草量降低。因此，当羊草生长到第五年、第六年以后，用圆盘耙或缺口重耙将根茎切断，或用深松犁进行深松作业，促进羊草无性更新，增加土壤通气状况，使羊草保持较长时间高产。

4. 病虫害防治

羊草易遭黏虫、土蝗、飞蝗、蚱蜢等害虫的侵害，严重时可将叶片吃光，造成严重减产。要及早防治。

5. 收获

羊草主要供放牧或割草用。割草时间的早晚，不仅影响干草的产量和品质，也影响群落组成的变化。割草偏早，易引起再生草产量下降及杂草侵入；过晚，则干草的品质不佳，营养价值下降。一般割草期以 8 月中旬至 9 月上旬为宜，最后一次收割后应有 30~40 天的再生期，以保证羊草能形成良好的越冬芽和具有更多的营养物质积累。在东北北部，羊草停止生长后可抢收秋草。

羊草干草产量一般为 250~300kg，最高的可达 500kg 以上。

羊草收种子，宜在穗头变黄、籽粒变硬而未脱落时采种。

（四）饲用价值

羊草是野生禾本科牧草中营养价值优良的草种，其可作为饲草，又可收获种子，还可保持草原生产的稳定。羊草全年可供各种家畜采食，对于幼畜的发育，成畜的育肥、繁殖，具有较高的营养价值。羊草草原在东北及内蒙古东部草场中，占有极重要的地位，牧民把羊草称为头等饲草，认为在春季有恢复体力，夏、秋季有抓膘催肥，冬季喂青干羊草有补料作用。

第二节　主要豆科牧草栽培技术

一、紫花苜蓿

紫花苜蓿又称紫苜蓿、苜蓿，原产古代的米甸国，即今日伊朗。公元前 2 世纪紫花苜蓿自伊朗经北非、西班牙传入欧洲。2000 年前，它在罗马帝国的农牧业中占重要位置。大约 16 世纪时，从西班牙传到中美，然后，在美洲大陆广泛传播。19 世纪 50 年代传人南非。19 世纪初传到新西兰和澳大利亚。在西方，紫花苜蓿号称"牧草之王"。近期分布范围不断在扩大，北部可达北纬 69°的斯堪的纳维亚半岛，南部可达南纬 55°的阿根廷和智利，分布极为广泛。

我国栽培苜蓿历史悠久。公元前 115 年汉武帝遣张骞出使西域后引入我国，距今已 2 000 余年。现在东北、华北、西北、内蒙古等地区已广泛栽培，南方有的地方也有栽培。我国紫花苜蓿主要地方品种有 74 个，分布在北纬 34°～45°，并延至北纬 50°，栽培面积 66.7 万 hm^2 左右，是我国栽培面积最大的牧草。目前，全世界紫花苜蓿栽培面积最大的是美国 74.3 万 hm^2，约占全世界总面积的 45%，其次，阿根廷的种植面积也达 50 万 hm^2 之多。

紫花苜蓿适应性广，产量高，品质好，是最有经济价值的饲草。它对于改良土壤，防止水土流失都起着重要作用。随着畜牧业的发展，紫花苜蓿的作用将越来越受到重视。

（一）植物学特征

紫花苜蓿为豆科苜蓿属多年生草本植物。

1. 根

主根发达，入土深达 2～6m，侧根不发达，着生根瘤较多，且分布在地面下 20～30cm 的根间。根颈粗大，居于地面下 3～8cm 处，随着年龄的增长逐渐深入土中，根颈上密生许多幼芽，分枝能力很强，一般每株可产生侧枝数十条，多者可达 100～200 条以上。

2. 茎

直立或有时斜升，绿色或带紫色，高 60～100cm、粗 0.2～0.5cm，多分枝，每个主枝具有 10～17 个节。

3. 叶

羽状三出复叶，小叶长圆状倒卵形或倒披针形，长 7～30mm、宽 3.5～15mm，先端钝，具小尖刺，基部楔形，叶缘上部 1/3 处有锯齿，两面无毛或疏被柔毛，托叶狭披针形。

4. 花

短总状花序，腋生，具有花 5～20 余朵，紫色或蓝紫色。异花授粉，虫媒为主。花萼筒状钟形；花冠蝶形。

5. 果实

荚果螺旋形，通常卷曲 1～3 圈，黑褐色，密生伏毛，内含种子 2～8 粒。

6. 种子

种子肾形，黄褐色，陈旧种子变为深褐色，千粒重 1.5～2g。

（二）生物学特性

1. 耐寒性

紫花苜蓿喜欢温暖和半湿润到半干旱的气候，生长最适温度为25℃左右。根在15℃时生长最好，在灌溉条件下，则能忍受较高的温度。抗寒性很强，能耐受 -30℃的严寒，在有雪覆盖的情况下，气温达 -40℃也能安全越冬。种子在 $5\sim6$℃时即可发芽，并能耐受 $-5\sim6$℃的低温。紫花苜蓿从萌发到开花需积温 $800\sim850$℃，到种子成熟要求积温 $1\,200$℃。

2. 抗旱性

紫花苜蓿是需水较多的植物，其蒸腾系数较高，一般为 $700\sim900$，尤其在孕蕾至始花期需水量最多，通常要比禾本科牧草多2倍，最适宜的年降水量为660 ~990mm，如超过 $1\,000$mm，则对其生长不利，夏季多雨，天气湿热，对紫花苜蓿生长最为不利。而在温暖干燥又有灌溉条件的地方生长极好。紫花苜蓿虽然喜水，但它最忌积水，水淹 $3\sim5$ 天以上将引起根部腐烂，造成死亡。地下水位过高对其生长不利，一般最少应在1m以下。由于其根部入土很深，在干旱季节也能正常生长，并且比其他牧草长势要好。

3. 土壤适应性

紫花苜蓿对土壤要求不高，土壤pH值 $6.5\sim8.0$ 范围内均能生长，以pH值 $7.5\sim8.0$ 的范围最为适宜。在富含钙质而且腐殖质多的疏松土壤中，根系发育强大，产草量高。适于排水及通气良好的壤土或沙壤土栽培，不适于在酸性土壤栽培，因其影响根瘤的形成。也不适于过于黏重或贫瘠的沙砾土。紫花苜蓿幼苗期耐盐度（含盐量）为0.3%，成长植株可耐盐0.4%～0.5%。

4. 生长发育特性

在北方，土壤墒情较好情况下紫花苜蓿春播后 $3\sim4$ 天出苗，苗期生长缓慢，根生长较快，播后 $30\sim40$ 天茎高低于10cm，根长 $20\sim50$cm，80天茎高 $50\sim70$cm，根长1m以上，植株开始现蕾开花时间极不一致，一般开花延续 $40\sim60$ 天。一朵花能开放 $2\sim5$ 天，晴天只需2天，阴天需 $3\sim5$ 天。晴天开花多，阴天开花少，甚至完全不开花。在一日内以9：00～12：00时开花最多，13：00时以后显著减少。开花最适温度为 $22\sim27$℃，相对湿度为53%～75%。

（三）栽培技术

1. 轮作

紫花苜蓿的轮作与倒茬依据耕作习惯、土壤条件和栽培目的而定，多数是在 $5\sim6$ 年之后，产草量开始下降时翻耕倒茬。根据各地经验，以改土养地肥田和产草为主，一般利用4年倒茬；在地广人稀、劳力缺、风沙大的地区，利用4~6年倒茬为宜；以保持水土为主，利用5~6年倒茬。翻耕时应在雨季或雨季后期进行，此时土壤湿润、地温高，翻耕后根茬易腐烂。干旱和半干旱地区，切忌春翻。

在无灌溉条件的旱地，紫花苜蓿后茬最好先种一年浅根的中耕作物，使紫花苜蓿能充分分解，同时，也能储备土壤水分，以后再种粮食作物，最后可种棉花。

2. 整地

紫花苜蓿种子小，最好在秋季进行深翻耙压，施足底肥，播前灭草，土地要平整细碎，保证出苗整齐。有灌溉条件的地方，播前应先灌水以保证出苗。无灌溉条件的地方，整地后应先行镇压以利保墒。

3. 播种

紫花苜蓿种子硬实率为5%~15%或更多，新收种子硬实率可达25%~65%，随贮存年限的延长而逐渐减低硬实，种子发芽力可维持10年以上。由于水分不易浸透，发芽率低，所以，把收获的种子暴晒3~5天，可提高发芽率。当年收获的种子当年夏播或秋播时，按1kg种子加1.5~2倍的沙子混合，放在碾子上碾20~30转，也可提高发芽率。采用0.01%钼酸铵及0.03%硼酸溶液浸种，可提高发芽率11.5%和9.8%。

播种期，春播多在春季土壤墒情较好、风沙危害不大的地区采用；夏播常在春季土壤干旱、晚霜较迟或春季风沙过多的地区进行；秋播大致同冬麦播种相似，优点是土壤墒情好、返青早、杂草少。某些春旱又寒冷的地区，常常冬播（寄子播种），可提高紫花苜蓿的抗寒性和抗逆性。早春播种必须先除草，采用化学除草剂敌草隆等进行土壤处理，灭杂草于萌动期，每亩用量0.2kg，加水40~50kg然后播种。

北方地区可春播或夏播。东北、西北4—7月播种，最迟不晚于8月上旬。华北通常3—9月播种，而以8月最佳。长江流域3—10月均可播种，以9—10月为宜。

紫花苜蓿可条播、撒播、点播，一般多采用条播。行距为20~30cm。东北地区在贫瘠地行距以30~40cm为宜，肥沃地则以50~60cm的宽行播种。一般每亩播种量为0.5~0.75kg，播种深度1~2cm。播后应实行镇压以利出苗。机播时，最好在播前先镇压一遍，便于掌握播种深度。在寒冷地区为了使紫花苜蓿安全越冬，也有进行沟播的。方法是开深约10~15cm的沟，撒种后稍覆土，秋后将垄背捞平，或选用抗寒品种，播种当年不收割，为了保证安全越冬，可采取壅土处理，提高越冬率93.5%；也可追施磷肥，提高越冬率65.4%，说明磷肥对植株有壮苗、提高抗寒性的作用。

紫花苜蓿可与多年生禾本科牧草混播。在混播组合中，目前国内外多用无芒雀麦与紫花苜蓿组成混合草地，两者可混播，也可隔行间作。

4. 田间管理

紫花苜蓿苗期生长缓慢，易受杂草的危害，必须进行除草。一般需除草2～3次。越冬前应结合除草进行培土以利越冬。早春返青及每次收割以后，亦应进行中耕松土，消除杂草，促进再生。此外，也可用化学除草剂（如菌达灭、2，4-D丁酯、地乐酯、西玛津等）进行除草。杂草防除是紫花苜蓿田间管理工作中一项非常重要的工作。为了获得高产必须施足肥料，施肥能够加快紫花苜蓿再生，从而增加收割次数。高产紫花苜蓿所摄取的营养物质要比玉米或小麦多，特别是它对氮、钾和钙的吸收。产草愈高，紫花苜蓿从土壤中带走的营养元素愈多。因紫花苜蓿有固氮能力，能固定大量游离氮素，所以，单播紫花苜蓿很少施氮肥。但在播种时施入少量氮肥，可使幼苗快速生长。对于紫花苜蓿和禾本科牧草混播草地来说，应施适量的氮肥。紫花苜蓿需钾较多，一般认为，高产紫花苜蓿的钾与氮之比应为1：1。施钾肥时最好分期施用。钾肥可作为种肥使用，但施量不能高，否则就会危害幼苗。钾肥至少每年施入1次，对于许多土壤来说一年应施2次。在沙质土壤上，特别是当生长季节长和产量高的情况下，每年应施2次以上。在酸性土壤中应施入石灰，一方面调节了土壤pH值，另一方面增加了钙、镁营养。石灰在土壤中的作用较慢，因此对于强酸性土壤应在播前一年就施入。当土壤pH值低于6.0时，石灰应在前一年秋季施入土中。一般施用石灰应分期施，特别是当施量很大时更应如此。施用石灰要用圆盘耙把它翻入土中，通常不宜进行表面施用。施1次石灰之后可以相隔3～10年再施1次。

紫花苜蓿是一种宜于进行灌溉的牧草，有条件地区灌溉可显著增加苜蓿的收割次数，提高单位面积内的产量和品质，提高越夏率。干旱或寒冷地区，冬灌能提高土壤温度，有利于越冬。地下水位高的地方，要及时排水。

5. 病虫害防治

紫花苜蓿常见的病虫害有：

（1）霜霉病。主要危害叶部，病株顶部叶子黄萎，病叶向背方卷曲。叶背面生淡紫褐色霉层，严重时叶片枯死，此病多发生在温暖、潮湿的天气。防治方法是发病初期用波尔多液（5g酸铜、5g熟石灰，加水1 000g）喷洒1～2次。注

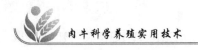

意将药液喷到叶子背面。也可采取提前收割，阻止蔓延。

（2）褐斑病。茎、叶、荚果上均出现褐色病斑，到后期病斑上出现黑色平整的蜡状颗粒，即病菌的子囊盘，以此进行浸染。在平均气温10.2℃，空气湿度58%～75%时，病害大量发生，严重时落叶率达40%～60%。防治方法是进行种子精选和消毒，种子田可用波尔多液和石灰硫黄合剂进行防除。

（3）豆芫菁、蚜虫、潜叶蝇。可用40%乐果乳剂1 000～2 000倍液喷洒，效果较好，也可用敌百虫0.5%～0.8%的稀释液（勿大于1%）早晚喷洒，就可防治。

6. 收获

紫花苜蓿适宜的收割时期是初花期。此时收割营养物质高，产草量也较高。紫花苜蓿再生能力强，1年内可收割2茬以上。华北地区，1年能收割4茬。西北、华中等省有灌溉条件的地方，1年可收割4～5茬，每亩产鲜草可达5 000kg以上，干草200～1 000kg。

西北旱作地区，1年收割1茬，灌溉地区年收割3～4茬。长江流域1年收割5～7茬，每亩产鲜草1 000～4 000kg。东北在旱作条件下，1年收割3茬。最后一次收割应在当地早霜来临前30天左右进行，以便使紫花苜蓿入冬前蓄积过冬的养分，为安全越冬和次年生育打下基础。所以，末茬草的收割时间，东北地区8月上旬。关中地区9月下旬至10月上旬；华北地区9月中、下旬；长江下游地区11月上旬。每次收割留茬高度一般以4～5cm为宜，最后一次则为6～10cm。

紫花苜蓿多实行采草与采种交替兼用。在北方，大多以头茬留种，二茬采草，夏播当年不收割，第2年也是头茬采种，每亩产种子7.5～10kg，3年以上可收20～25kg种子；在南方以2～3茬草留种，每亩产种子7.2～11.9kg。采种时间视荚果颜色而定，一般在下部荚果变成黑色，中部变成褐色，上部变成黄色时，即有50%～75%的荚果变成上述颜色时即可采收。

（四）饲用价值

紫花苜蓿为各类畜禽都喜食的牧草。其营养价值就总能量、消化能、代谢能和可消化粗蛋白质均较高。其风干草所含的养分，如粗蛋白质和粗灰分都很高。适口性好，家畜最喜食。一般1kg优质紫花苜蓿粉相当于0.5kg精料的营养价值，必需氨基酸的含量比玉米高，就赖氨酸而言，其鲜草与玉米相当，而干草比玉米多5.7倍，并含有多种维生素和微量元素。紫花苜蓿青干草的消化率以幼苗期为高，其后有所下降，但第一和第三茬的再生草的干草消化率与幼苗的消化率相同。紫花苜蓿即可青饲、放牧和禾本科牧草混合青贮，又可调制干草。鲜青草可用于喂草食家畜，特别是奶牛，可提高泌乳量，改善乳脂品质。紫花苜蓿打浆后可作为猪的良好饲料。其青贮料可用于饲喂牛、羊、猪等。青干草是役畜、乳牛、羊的好饲料。优质紫花苜蓿粉是蛋白质和维生素补充饲料，可作为猪、禽配合饲料中不可缺少的原料。反刍家畜在单一紫花苜蓿草地上放牧时，易得胀气病。放牧前喂以干草或露水未干前暂缓放牧，与禾本科牧草混播草地均可防止或减少胀气病的发生。

二、沙打旺

沙打旺又称直立黄芪、斜茎黄芪、麻豆秧、薄地强、苦草，为亚洲大陆种，在我国东北、华北、西北、西南等地均有野生种。生于山坡、沟边和草原上，在海拔 3 000m 的山地也有分布。在国外，俄罗斯、日本、朝鲜等国也有分布。我国栽培沙打旺有数百年的历史，目前栽培种已推广到东北、西北、华北等地区。沙打旺适应性强、产量高，是饲用、绿肥、固沙、保土的优良牧草。

（一）植物学特征

沙打旺为豆科黄芪属多年生草本植物。

1. 根

主根粗长，侧根较多，主要分布于 20～30cm 土层内，根幅达 150cm 左右，根上着生褐色根瘤。

2. 茎

直立或倾斜向上，丛生，分枝多，主茎不明显，一般有 10～25 个。株高 1.5～2m，全株被丁字形茸毛。

3. 叶

奇数羽状复叶，有小叶 3～27 枚，对生，长椭圆形，长 1.0～2.0cm，宽 0.5～1.0cm；托叶膜质，卵形。

4. 花

总状花序，多数腋生，每个花序有小花 17～79 朵；花冠蝶形，花蓝色、紫色或蓝紫色；萼筒状 5 裂；花翼瓣和龙骨瓣短于旗瓣。

5. 果实

荚果，矩形，长 6～13cm，具有网室，内含种子 10 粒左右。

6. 种子

种子褐色，千粒重 1.5～2g。

（二）生物学特性

1. 耐寒性

沙打旺要求年平均气温 8～15℃。种子发芽最低温度为 9.5℃，最适温度为

20.5～24℃。幼苗在 20～25℃生长最快。早春越冬芽从萌发到幼芽露出地面需 7 天左右，此时平均气温为 4.9℃，茎、叶能忍受地表最低气温是 –24.4℃和 –30℃。而当年茎生芽可忍受最低气温为 –15.4～–13.9℃，花蕾能忍受的最低温度值小于 6.6℃，大于 5.6℃。沙打旺从萌发至 50%左右种子成熟时，大约需有效积温 2 440℃。在日均温 22.0℃左右，相对温度 60%左右，日照 8 小时，开花最多。

2. 抗旱性

沙打旺为温带旱生、中旱生植物。适宜年降水量 300～500mm 的地方种植。生长速度与降水有密切关系，降水量多时生长速度快，特别是干旱地区十分明显，因各年降水量不同，生长高度也有明显差异。沙打旺抗旱能力强，根系发达，出苗后半个月苗高不足 1cm，地下根已达 4cm，4 年生沙打旺根深可达 4～5m。但怕水淹，在排水不良或积水的地方易烂根死亡。因其主根入土深，能吸收土壤深层水分，故抗盐、抗旱、抗风沙能力强。在风沙地区，特别在黄河故道上种植，一年后即可成苗，生长迅速，并超过杂草，还能固定流沙。沙打旺常常被沙埋没，当埋以后，又能自行长出来，生命力较顽强。

3. 土壤适应性

沙打旺适于沙壤地上生长，以 pH 值 6.0～8.0 最适宜。

4. 生长发育特性

沙打旺茎叶繁茂，覆盖面积大，扎根快，生长迅速，是黄土高原理想的保持水土的植物。在东北地区早春播种的沙打旺，出苗后 105～117 天现蕾，131～147 天盛花；2 年生以上的植株，返青后 85～90 天现蕾，115～120 天盛花，从现蕾到第一朵小花开放需要 24～35 天，平均 28 天。每朵小花从开放到凋谢需要 1～3 天，平均 2 天。同一花序从第一朵小花开放到全花序开完花需要 5～19 天，平均 8 天，以后形成的花序，因温度不足，只有部分小花开放。2 年以上的植株，第一个花序开始现花到第二个花序现花需要 2～10 天，平均 5 天。小花开后，只需要 3.5～6.5 天即可见荚。沙打旺为无限花序，早开花则早成熟，成熟天数少，晚开花则晚成熟，所需天数也多。在东北地区，8 月 5 日前开花者，需要 25～26 天成熟，8 月 9 日至 11 日开花者，需要 30～32 天成熟，而 8 月 16 日至 18 日开花者，则需 35～37 天成熟。在中原地区，从现蕾到种子脱落各生育阶段所需时间共 55～60 天，其中，现蕾至开花 15～20 天，开花至花落 6～9 天，花落至结荚 2～3 天，结荚至种子成熟 25～30 天，种子成熟至落粒 3～5 天。花序形成需 20℃以上高温，在 7～8 月平均气温达 20℃以上时，种子均可成熟。沙打旺需 0℃ 以上积温 3 600 ~ 5 000℃，生长期 150 天以上。凡是年均温低于 10℃ 以上积温低于 3 600℃，无霜期少于 150 天的地区，种子难以成熟或仅少量种子成熟。

（三）栽培技术

1. 整地

沙打旺种子细小，播前必须深耕细把，以利于播种和保苗。瘠薄地每亩应施基肥 1 250 ~ 1 500kg，深耕时翻入地下。

2. 播种

沙打旺种子硬实多，播前需对种子清选和处理。播种时用磷肥作种肥，可显著提高青草和种子产量。要适时播种。早春播种，植株当年生长健壮，无霜期长的地区当年还可收到种子。在干旱地区，适于雨季前播种，出苗率高，但当年不能结子。也可在初冬地面开始结冻时进行寄籽播种，争取翌春出苗。

沙打旺通常采用条播，也可撒播、点播。条播，一般行距为 25 ~ 48cm。作为种子田，每亩播种量 0.05 ~ 0.1kg。作为采草场，每亩播种量 0.15 ~ 0.2kg。每亩的成苗数，种子田为 1 800 ~ 2 100株，采草场为 3 000 ~ 4 000株。播量过大，出苗过密，易造成浪费。一般播种深度为 1 ~ 2cm，播深则不易出苗，造成缺苗断条。沙打旺可用飞机播种。飞播沙打旺，在我国西北地区的黄土高原已有 7 年之久。在正常情况下，飞播沙打旺育苗面积可达 40% ~ 50%，到第二年即可作为采草场。

3. 田间管理

沙打旺苗期生长缓慢，不耐杂草，苗齐以后就应中耕除草，到封垄时除净。2 年以后的沙打旺草场要在返青和每次收割之后中耕除草一次。沙打旺不耐涝，土壤水分过多时要及时排水。在有条件地区春旱或收割后要及时灌溉，并结合施肥，这样能增加产量。如作种用，生长后期要避免水肥过量，造成徒长，影响结实。

4. 收获

由于沙打旺再生力强，第 2 年以后每年可又收割 2 ~ 3 次。沙打旺开花结实参差不齐，成熟时荚果自裂，种子脱落，要注意适时收种，一般当茎下部荚果呈棕褐色时采种。产种子 5 ~ 10kg。

（四）饲用价值

沙打旺生长迅速、产量高，有丰富的营养价值。其茎叶鲜嫩，叶量丰富，占总重量的 30% ~ 40%，是各种家畜的好饲料。如嫩茎叶打浆喂猪，在沙打旺草地上放牧绵羊、山羊，收割青干草冬季补饲，用沙打旺与禾本科牧草混合青贮等。沙打旺由苗期到盛花期，碳水化合物含量由63%增至79%，无氮浸出物由45%减到35%，粗纤维则由18%增至37%、霜后落叶时增至48%。在不同的生长年限中，氨基酸总含量以第1年最高，达13%以上，2~7年的植株中，变化幅度为8%~9.6%。生长1年的沙打旺从苗期到盛花期，植株中8种必需氨基酸含量变化于2.7%~3.6%，平均为2.38%，略低于紫花苜蓿（3.05%）。沙打旺的有机物质消化率和消化能也低于紫花苜蓿。

沙打旺在生产上存在的问题：首先是其适口性较差，家畜开始饲喂时不采食，经习惯后才采食。将沙打旺调制成干草后，适口性较好。其营养价值、适口性和再生性均不如紫花苜蓿。其次是沙打旺生育期较长，一般在180天以上，花期又长，因此常遇到早霜危害，种子不易成熟或仅少量成熟，种子产量低，满足不了生产的需要。沙打旺为无限花序，种子成熟很不一致，采种较困难。

三、百脉根

百脉根又称鸟足豆、五叶草，原产欧洲，也有人认为，亚洲也是原产地。现已广泛分布欧洲、亚洲、北美洲、大洋洲等，其中，以地中海最多。我国华中、西南等地区也有野生种。

（一）植物学特征

百脉根为豆科百脉根属多年生宿根草本植物。

1. 根

主根入土不深，但侧根多而发达，脉状分布于30~60cm土层内，故名百脉根。

2. 茎

根能生新枝，枝丛生，无明显主茎，分枝多，大小枝平均有97个，枝长不一，长者可达100cm。百脉根多匍匐生长，草丛多呈半直立。叶层高度30cm左右，茎纤细柔软，光滑无毛。用根、茎切断成段后均可用来繁殖成新株。

3. 叶

掌状三出复叶，叶柄长3~15mm，3片小叶生于叶柄顶端，2片托叶生于叶柄基部，似小叶，故又名五叶草。小叶呈卵形或倒卵形，长0.5~2.0cm，宽0.3~1.2cm。先端大，基部模形全缘，无毛或幼苗期稀疏柔毛。

4. 花

花柄细长，顶端由4~8朵小花排列成伞形花序，具3小片叶状总苞。花萼呈钟形，萼齿5个，三角形、蝶形花，花冠浅黄至深黄色。整个花序成熟结荚后似鸟趾，故又名鸟足草。

5. 果实

荚果,长圆柱形,每荚果含种子 10~15 粒。

6. 种子

种子细小,似肾形,色呈橄榄绿或棕黑。千粒重为 1.0~1.2g。百脉根系异花授粉植物,需昆虫作授粉媒介。

(二) 生物学特性

1. 耐寒性

百脉根喜温暖湿润气候,最适宜温度为 18~25℃,开花要求 21~27℃。耐寒力较差,幼苗易受冻害,成株则有一定耐寒能力。-3~7℃下茎叶枯黄。耐热能力比紫花苜蓿稍强。

2. 抗旱性

耐旱能力比苜蓿稍差,比红三叶和白三叶强,喜湿润而不耐阴蔽。

3. 土壤适应性

喜肥沃能灌溉的黏土、沙壤土、酸性土、微碱性土壤,pH 值 6.2~6.5 为最适宜。在瘠薄和排水不良的土壤上或短期受淹地亦能生长。

4. 生长发育特性

百脉根春、秋播种均可,当年极少开花。

越冬生的百脉根 6 月下旬或 7 月上旬初花,花期 1 个半月,7 月下旬盛花,8 月中旬荚熟。百脉根耐践踏,再生性强,最适于放牧。百脉根一般可生长 6~7 年,最长可达 12~15 年。

(三) 栽培技术

1. 整地

百脉根种子细小,幼苗生长缓慢,与杂草竞争力弱,也易受遮阴或混种影响,故整地应精细,要求上松下实。百脉根硬籽率为 21%~64%,播种前对种子进行物理处理或浸泡,可提高发芽率和促进齐苗。

2. 播种

春、秋播均可,春播 3~5 月,秋播 9~10 月。单播,播种量每亩 0.5~1.0kg。混播时播种量减少,它适于条播,播深 1~2cm,行距 30~40cm,生长第二年就覆盖地面。山区种植宜采取等高开沟播种。百脉根通常与其他多年生牧草混播,可供放牧利用。可与它混播的有意大利黑麦草、白三叶等。

3. 田间管理

苗期应注意清除杂草。据测定,春播的百脉根,到下半年 10cm 范围内长有

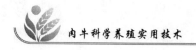

17株，第二年生长的百脉根叶层更紧密，杂草就不易侵入了，一般不在进行中耕除草工作。

4. 收获

百脉根一般一年可收割2～3次，第一次收割宜在初花期，以后收割可在植株叶层高达30cm左右时进行。收割留茬不可过低，以留8～10cm为宜，有利于腋芽萌发再生，留种用的百脉根，收割次数只能1～2次，第一年收割要早，第二次收割要在收种后进行。这时的植株仍呈绿色。百脉根种子成熟不一，且易裂荚落粒，故不宜过熟时收种，当荚果大部分呈浅棕色时收种为宜。百脉根种子产量较低，如养蜂授粉，可以提高种子产量。百脉根除用种子繁殖外，也可用其根、茎进行无性繁殖。方法是把根茎切成段（每段留3～4节）扦插。

（四）饲用价值

百脉根的茎叶细小，草质细软，叶重为全株重的一半以上。适口性佳，营养成分高，畜禽均喜食。收种后的百脉根植株，其营养成分（占干物质）中粗蛋白质17.91%、粗脂肪2.41%、粗纤维27.37%、粗灰8.29%、无氮浸出物44.02%。百脉根花前所含营养成分与白三叶相近。

百脉根是适于放牧用的豆科牧草。它的茎铺展于地，牧后仍留一部分茎叶，利于再生。它含有单宁，能使可溶性蛋白质沉淀而不能在胃中产生持续泡沫，因而不会发生鼓胀病。又所含配糖体产生氢氰酸的浓度仅0.005%～0.017%，不会引起氢氰酸中毒。

百脉根的鲜草产量约为苜蓿的50%。一般每亩产2 000kg左右。

百脉根鲜草利用，要防止因堆积陈腐而使氰化物配糖体酵解产生游离氢氰酸，以致家畜食后发生中毒。百脉根除鲜喂外，很适宜晒制成优质干草，做家畜冬春饲料。

四、鹰嘴紫云英

鹰嘴紫云英又称鹰嘴黄芪，原产北欧，后传入美国、加拿大。我国70年代初从美国、加拿大引入，在华北、西北地区试种，表现良好。

（一）植物学特征

鹰嘴紫云英为豆科黄芪属多年生草本植物。

1. 根

主根粗壮，具根茎。

2. 茎

匍匐，半直立，基部红色，上部绿色，长70～150cm，幼茎有白色茸毛，分枝 3~5 个。

3. 叶

奇数羽状复叶，小叶呈长椭圆形，长 2.5~4.0cm，宽 1.0~1.5cm，叶面有白色茸毛。

4. 花

总状花序，腋生，长 4~6cm，有花 5~40 朵；托叶披针形；花萼钟状，萼齿 5 裂，有毛；花冠白绿色，渐变黄色或黄白色。

5. 果实

荚果，呈膀胱状，幼嫩时有黄色茸毛，成熟后为黑褐色，内有种子 3~11 粒。

6. 种子

肾形，黄色，有光泽。千粒重 7~8g。

（二）生物学特性

1. 耐寒性

鹰嘴紫云英喜温暖湿润气候，抗寒，亦抗高温。

2. 抗旱性

不耐旱，干旱会使其生长不良，并提前开花。不耐水淹，如有积水，则生长不良，叶色变黄，以至死亡。

3. 土壤适应性

鹰嘴紫云英适宜于较湿润而通气良好的土壤，尤喜在沙土、沙壤土上生长，耐瘠薄能力较强，耐酸，适宜在微酸性和中性土壤上种植。不耐盐碱。

4. 生长发育特性

鹰嘴紫云英在华北地区 4 月上旬播种，7 月中旬开花，8 月下旬种子成熟，12 月上旬干枯；第二年 4 月上旬返青，5 月中旬开花，6 月下旬种子成熟。

（三）栽培技术

1. 整地

应精细整地，并清除杂草，整地同时每亩施磷肥 20~37.5kg。

2. 播种

北方以冬季寄子或春播为宜，南方要求不严。条播、穴播、撒播均可，以条播和穴播为主。播种量每亩 0.5~1kg，播种深度 1~2cm。用种子育苗、枝条扦插育苗或根茎移栽，每亩 3 000~4 500 株为宜，不少于 3 000 株。种子硬实率高，播前种子必须处理，可用根瘤菌拌种。

3. 田间管理

鹰嘴紫云英苗期生长缓慢，易受杂草危害，应注意中耕除草。因其再生力

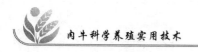
弱，为提高产量，收割牧草留茬高度应在 10~15cm。

4. 病虫害防治

鹰嘴紫云英的种子易受蜂类害虫危害，如情况严重会大大降低种子产量，孕蕾期至种子成熟，每隔 10~15 天用乐果类内吸收药物防治一次。

5. 收获

北方地区 1 年可收割 2~3 次，每亩产鲜草 4 500~6 000kg；南方 1 年可收割 3~4 次，每亩产鲜草 6 000~6 750kg。

（四）饲用价值

鹰嘴紫云英茎叶柔嫩多汁，无怪味，皂苷含量低，不会引起反刍动物的鼓胀病，一般家畜都喜食。茎叶干物质比为 1：1.6，茎叶鲜物质比为 1：1.5 左右，营养丰富。

鹰嘴紫云英可青饲，亦可调制干草，也可与禾本科饲料作物混合青贮。此外，鹰嘴紫云英还是优良的绿肥作物。

五、红三叶

红三叶又称红车轴草，原产小亚细亚与东南欧。据记载，早在 3~4 世纪欧洲即已栽培。16 世纪传入西班牙、荷兰、德国，17 世纪中叶传入英国，而后传入美国、俄罗斯。现广泛分布于世界温带、亚热带地区，并成为重要的豆科牧草之一。我国西北、西南等地区有野生种。近年来，西南、华中等地区广为栽培利用。

（一）植物学特征

红三叶为豆科三叶草属多年生草本宿根植物。

1. 根

主根入土较深，侧根发达，大部分集中在 30cm 土层里，并结有较多根瘤，根颈稍在土表上面。

2. 茎

植株直立生长，生长期 4~5 年。茎圆、中空、多斜立，分枝 10~20 个，一般高 30~90cm，株丛呈圆形。植株地上部有疏茸毛。

3. 叶

三出掌状复叶，常现浅红色，互生有长柄。小叶由柄端生出，短柄，叶片为椭圆形或卵形，叶长为宽的 2 倍，边缘有茸毛及不明显细齿，叶表面中央隐约有白色"V"字形斑纹，托叶呈卵形，急缩小成一长细尖状。

4. 花

密集头状花序，直径 2~2.5cm，几乎无柄，呈暗红色或紫色，其下两侧有两片几乎无柄的叶。花序约由 120 个小花组成。花为淡红色或深红色。

5. 果实

荚果，每荚有种子 1 粒。

6. 种子

橄榄形或肾形，呈褐黄色，千粒重为 1.27 ~ 1.82g。硬实率约为 3% ~ 10%。

（二）生物学特性

红三叶的栽培种可分为两个类型：

一是早熟型或普通红三叶，早熟、生长迅速，生存期多较短，耐寒力较差；二是晚熟型红三叶，生长慢，耐寒，生活力较强。两个类型最大区别是生存期中对日照的反应。早熟型所需日照较短，属春性发育类型。株本较小，开花期较早，再生草多，生长最旺期 2 ~ 3 年，宜肥沃土壤，年可收割两次以上，耐干旱高温，主要分布于北纬 50°以南。我国栽培的多属这两个类型。晚熟型需日照较长，为冬性发育类型，植株高，生长慢，开花迟，1 年只收割 1 次，产量高，品质差，抗寒性较强，生长季节短，多生长在北纬 60°和高海拔处。

1. 耐寒性

红三叶喜温暖湿润气候，怕炎热干旱。生长最适宜温度为 15 ~ 25℃，种子发芽要求 5 ~ 6℃，幼苗可耐 4℃低温，夏季温度高于 38℃时，根和茎生长减弱，当达到 40 ~ 45℃时，则植株黄化死亡。成株在冬季 -8℃低温时不会死亡。耐寒力不如苜蓿，从播种出苗到种子成熟需 50℃以上积温 2 500℃。

2. 抗旱性

在年降水量 700 ~ 1 000mm 以上，或在灌溉和排水良好地区生长茂盛，产量高，不耐旱，在年降水量 500mm 以下，又无灌溉的地区，不能适应。能耐阴湿，在年降水量 2 500mm 的山区亦能生长。

3. 土壤适应性

适宜在中性或微酸性（pH 值 6 ~ 7）的壤土、粉沙壤土、黏质土种植。尤以排水良好而富含钙质的黏壤土最为适宜。它不能在碱性土壤生长，在地下水过多的山地不宜种植。

4. 生长发育特性

红三叶为长日照植物，光照 14 小时以上才能开花结实。短日照下不开花，光照不足 10 小时花蕾也难形成。红三叶为异花授粉植物，虫媒，并以大黄蜂为主要媒介。

（三）栽培技术

1. 整地

因三叶草种子细小，幼苗细弱，又因其成株生长较粗大，根系比较发达，而且入土较深，故要求深耕细作，一般进行一犁一耙，或是二耙，深耕30cm，犁地后6～7天等杂草齐苗又耙平，除净杂草，开沟作畦，要求畦表面平而细，畦宽约2m，畦沟宽、深30cm左右。每亩用厩肥1 500～2 000kg和钙镁磷肥20～30kg，均匀施于土表，翻耕入土作基肥。以后每年春酌施少量氮、磷、钾肥料，有利于再生产。

2. 播种

选用纯净度高发芽势好的种子，为了防止发生菌核病等病害，种子用密度为1.03～1.10g/cm³的盐水浸种，除去杂质备播，有条件地区可用根瘤菌接种或做成丸衣种子。红三叶的播种期，春（4—5月）秋（9—10月）两季播种均可。在高寒、温暖山地以春播较好，冬季霜冻少有灌溉条件的地区以秋季为宜。播种方式以条、穴播为主，行距30～30cm，留种地行距须再加宽。播种量：单播的每亩0.6～0.8kg，与黑麦草、鸡脚草等混播时，其播种量为单播的70%～80%，大面积飞播多用于混播。

3. 田间管理

红三叶苗期细小幼嫩，易受杂草影响导致生长不良，特别是春季播种的，杂草生长迅速旺盛，清除杂草是促使幼苗健壮的关键。收割利用后行间中耕除草也有利增产。若天气干旱，有灌溉条件，应进行灌溉，以利红三叶早发和防止干旱造成的植株萎蔫、减产。

4. 病虫害防治

红三叶有时发生菌核病，除种子处理预防措施外，生长期发病，可用多菌灵喷雾或撒施石灰防治。红三叶根部易遭金龟子的幼虫蛴螬危害，混播的危害更为严重。主要防治方法是用鲜草等拌毒饵诱杀或人工捕灭。

5. 收获

红三叶生长产量高峰是春末夏初和秋末，适时收获对鲜草产量、质量及防治病虫害有直接影响。当春末夏初盛蕾期和初花期或发现茎基部分叶片开始发黄时，收割为宜。若晒制干草，收割期可稍推迟，但不能收割太晚，否则基茎部由于潮湿通风不良而霉烂和菌核病蔓延。收割留茬5cm以利再生。因花期长，种子成熟不一致，采种方法应以人工采集为主，收种次数的多少，直接关系到种子产量，一般每亩产种子10～25kg。

（四）饲用价值

红三叶的草质柔嫩，适口性好，各种家畜均喜食。营养丰富，于物质中粗蛋白质含量达15%～20%。与苜蓿比较，其可消化蛋白质略低，而总消化养分较苜蓿略多。就单位面积内营养物质产量比较，红三叶早期不亚于苜蓿，后期则较苜蓿为低。例如以分枝期、孕蕾期和开花期的红三叶和苜蓿比较，每一饲料单位含可消化蛋白质（g），红三叶分别为112、117、128；苜蓿分别为158、162、149，苜蓿均高于红三叶。每亩的粗蛋白质产量（500g/亩）红三叶分别为81.4、65.3、65.75；苜蓿分别为87.6、96.3、89.1，仍以苜蓿为高。红三叶为高产优质豆科牧草，春播当年每亩产鲜草可达1000kg，无论春播或秋播，次年每亩产均可达3000～3500kg。第3年667m^{2}产可达5000kg左右。鲜草和干草，所有畜禽均喜食，利用率高。

红三叶可用以放牧、青饲、调制干草或调制青贮料。红三叶是很好的放牧草，略次于白三叶和苜蓿。放牧牛羊仍应注意防止膨胀病，但较苜蓿为少。放牧时以种植四倍体红三叶为好，它的产草量高，营养好，且雌性激素异黄酮含量低，对畜禽无不良影响。红三叶现蕾期茎叶比例接近1：1，初花期为1：0.65。故早期收割，草质嫩软，品质优良，但过早收割产量较低，过迟收割，易造成叶片脱落，粗纤维高，粗蛋白含量降低，为达到质量与产量的平衡，以现蕾盛期或初花期收割鲜饲最好。红三叶的叶多、茎中空而密度小，因而易于调制干草，是乳牛、肉牛的优质饲草。良好的红三叶干草可以代替苜蓿干草。红三叶与禾本科牧草混种可用以调制青贮料。

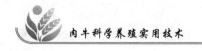

第 五 章
苜蓿产品的调制与加工

第一节　苜蓿青贮

苜蓿青贮可以保持青绿饲料的营养特性，养分损失少，适口性好，调制方便。青贮苜蓿消化率高，能长期保存，但是苜蓿由于可溶性糖含量较少，蛋白质含量高，属于不宜青贮的原料。苜蓿青贮的成败关键在于苜蓿原料的含水量，当苜蓿原料含水量50%～60%时，苜蓿青贮容易成功。同样采用混合青贮或添加剂青贮可以提高苜蓿青贮的质量。

苜蓿青贮的常用方法有以下3种。

一、半干青贮的方法

半干青贮就是低水分青贮，它具有青干草和青贮料两者的特点，半干青贮是苜蓿水分达到40%～50%时进行青贮的一种方法。调制半干青贮饲料时，苜蓿应迅速风干，要求在刈割后24～36小时内含水量降至50%左右。原料必须切断，长度3cm左右。装填后封窖要严密，严防漏气和漏水。

二、添加剂青贮

1. 加盐青贮

青贮原料含水量较低，含水量50%的苜蓿青贮时，添加1%的粉状食盐，混合均匀，装入塑料袋中压紧密封，经100天的青贮发酵后鉴定，苜蓿未发现腐烂，颜色为茶绿色，具有青干草香味，茎叶结构完好。

2. 甲醛青贮

添加甲醛青贮是近年来国内外推广的一种方法。用量是每吨原料加85%～90%甲醛2.8～3kg，分层喷洒。甲醛在青贮和瘤胃消化过程中，能分解对家畜无害的二氧化碳和甲烷，而且甲醛本身也可被家畜吸收利用。加甲醛制成的苜蓿青贮料，饲喂乳用犊牛，平均日增重达0.757～0.817kg，比喂普通青贮料增重提高近 1 倍。

三、捆裹青贮

苜蓿捆裹是在新鲜苜蓿水分降低到 50% 左右时压制成草捆，用塑料拉绳膜裹包起来，在密封状态下进行贮存。捆裹青贮是将新鲜苜蓿等原料切断后，用捆裹机高密度压实打捆，然后用塑料拉绳膜包起来。经过打捆和塑料裹包的草捆处于密闭状态，从而造成了一个最佳的发酵环境，在厌氧条件下，经 3 ~ 6 周，最终完成发酵的过程。苜蓿捆裹系统包括两种设备：一是打捆机，二是裹包机，采用拖拉机牵引。

第二节 苜蓿青干草的调制加工

青干草是将牧草和饲用植物在适宜的时期刈割，经自然或人工干燥调制而成的能够长期贮存的青绿饲草。青干草与干草不同，干草是作物在收获籽粒后剩余的秸秆，营养价值较低。优良青干草具有颜色青绿、叶量丰富，质地柔软、气味芳香、适口性好的特点，并含有较多的蛋白质和矿物质，是家畜维生素的重要来源。因此，青干草是草食家畜不可缺少的饲草。

苜蓿调制青干草的特点：

苜蓿进入开花期后品质下降快。

叶片易脱落。苜蓿叶片中粗蛋白质含量为 24% 时，茎中粗蛋白质含量为 10.6%。叶片中粗蛋白质的含量为茎的 2.5 倍。苜蓿进入开花期后，下部叶片开始枯黄，而且叶柄已经产生离层，晒制青干草时叶片损失严重。刈割越晚，叶片脱落越多，青干草品质就越差。

茎叶干燥速度不一致。苜蓿的茎含水量为 50% 左右时，叶片含水量已降至 10% 左右。故由于叶较茎提前干燥，致使叶片大量脱落。苜蓿青干草叶片损失率一般为 20% ~ 30%，甚至高达 50% ~ 70%。刈割越晚，茎叶干燥的速度差异越大，造成的损失也越大。

第三节 加快苜蓿干燥速度的方法

适时刈割的苜蓿调制成青干草其品质好坏主要取决于干燥的方法。苜蓿干燥方法一般分为自然干燥和人工干燥两大类。苜蓿干燥时间越短，营养损失越少。因此，自然干燥时，采取各种措施，加快干燥速度，并在苜蓿尚未完全干燥前，保护叶片不受损失至关重要。但是，要使苜蓿迅速干燥了并且干燥均匀，必须创造有利于苜蓿体内水分迅速散失的条件。

秸秆压扁。将苜蓿秸秆压扁，可使其各部位的干燥速度趋于一致，从而缩短干燥时间。试验证明，秸秆压扁后，干燥时间可缩短25%～50%。

翻晒通风干燥。苜蓿刈割后，应尽量摊晒均匀，并及时进行翻晒通风一两次或多次，使苜蓿充分暴露在干燥的空气中，以加快干燥速度。

草架干燥法。搭制成简易的草架晾晒苜蓿青干草，虽然要部分设备、费用和较多人工，但草架通风干燥效果好，可加快干燥速度，获得优质青干草。用草架干燥时，可先在地面干燥，使苜蓿含水量降至40%～50%，然后再在草架上通风干燥。

适时阴干及常温鼓风干燥法。当苜蓿水分降低到35%～40%时，应及时集堆、打捆，在草棚内或废弃窑洞内阴干。打捆青干草堆垛时，必须留有通风道以便加快干燥。

第四节　苜蓿病虫害预测预报及防治技术

一、苜蓿病虫害发生种类及发生现状

我区苜蓿病虫害发生情况严重，种类多，分布广，危害重，规律复杂，已对苜蓿产量质量造成严重损失。目前引起灾害性损失的害虫有蚜虫、蓟马、草地螟、象甲和潜叶蝇，发现病害9种，大面积发生并引起损失的主要病害为苜蓿褐斑病、霜霉病、白粉病和花叶病。

二、苜蓿主要病虫害

1. 苜蓿主要害虫

（1）蚜虫。在宁夏危害苜蓿的蚜虫种类主要为豌豆无网长管蚜、苜蓿无网长管蚜、苜蓿斑蚜和豆蚜4种，灌区以前两种蚜虫为主，山区则以苜蓿斑蚜为主，豆蚜在全区局部地区发生严重。豌豆无网长管蚜和苜蓿无网长管蚜体绿色，个体较大，一对腹管明显可见；苜蓿斑蚜体淡黄色，个体只有豌豆无网长管蚜和苜蓿无网长管蚜的一半，背部有4～6排黑色小点；豆蚜全体黑紫色，有成百上千头在苜蓿枝条上聚集危害的特性。蚜虫以越冬卵或雌蚜在土壤表面和残茬上越

冬，4月中下旬苜蓿返青时成蚜开始出现，随着气温升高，5月下旬蚜虫虫口成倍数迅速上升，通常在6月上中旬达到危害高峰期，造成植株萎焉、矮缩。蚜虫的虫口数量同降雨量关系密切，5月下旬至6月上旬如无降雨，蚜虫则迅速上升造成危害。

（2）蓟马。在我区危害苜蓿的蓟马种类有4种：苜蓿蓟马、牛角花翅蓟马、普通蓟马和大蓟马。蓟马属微体昆虫，个体0.5~1.0mm，仅为肉眼所见，危害隐蔽，全生育期发生10多代，从苜蓿返青开始整个生育期均可持续危害，通常在初花期达到危害高峰期。主要取食叶芽和花，有追花逐朵的习性，轻者造成上部叶片扭曲，重者成片苜蓿早枯，叶片和花干枯、脱落，成为目前苜蓿尤其繁种苜蓿最具危险性的害虫。4月下旬蓟马开始出现，虫口较低，至6月上中旬虫口突增，危害期可从6月上中旬持续到9月上旬的每一茬苜蓿上。

（3）草地螟。属草原突发性迁飞害虫，以幼虫暴食多种植物，大规模的迁飞规律尚不清楚，近年来在我国北方农牧区爆发成灾，且有逐年加重的趋势，目前大面积成片的苜蓿为草地螟的爆发提供了有利的条件。草地螟分为褐草地螟和黄草地螟两种，在我区均可见危害，幼虫体色黄绿色或暗绿，胸腹部有明显的暗色纵行条纹，周身有毛瘤。初孵幼虫取食叶肉，造成叶面"天窗"，长大时能将叶片吃成缺刻和空洞，幼虫有受惊动后立即落地假死的习性。通常在苜蓿上发生3代，幼虫危害期分别是6月上旬、7月上中旬和9月上中旬。

2. 苜蓿主要病害发生流行规律

（1）苜蓿褐斑病。温暖潮湿的气候条件下有利于苜蓿褐斑病的流行，尤其是降水结露促进该病发生，在南部山区半阴湿区发生严重，干旱区和灌区病害相对较轻。首先从下部叶片发病，感病叶片出现褐色至黑色、直径1~3mm的圆形病斑，后期病斑上形成直径1mm左右的浅褐色盘状增厚，叶片变黄脱落。通常5月下旬开始发病，对一茬苜蓿基本上不造成危害，7月高温天气使褐斑病发展较为缓慢，8月上中旬病情迅速上升，8月下旬至9月上旬进入流行高峰期。

（2）苜蓿霜霉病。由苜蓿霜霉引起，目前主要发生于南部山区。霜霉病首先从上部叶片发病，叶片正面出现褪绿斑，背部有污白色或紫灰色霜状霉层，植株矮缩，枝条变粗，顶端叶片簇生扭曲。霜霉病发病较早，始发于5月上旬，有两个发生高峰期，分别为6月上中旬和7月中下旬，两茬苜蓿均可受到危害，但第一茬受害较重，至8月中旬病害停止发展。

（3）苜蓿白粉病。由豆科内丝白粉菌和豌豆白粉菌两种病原菌混合侵染，日照充分、多风和湿度中等有利于苜蓿白粉病的流行，潮湿多雨则抑制白粉病的发生，目前主要发生在南部山区，干旱区重于阴湿区，白粉病病株叶片两面、茎、叶柄、荚果等部位都能产生白色粉霉，霉层呈绒毡状，生长后期霉层中出现淡黄、橙色至黑色的小点。病害发生较晚，但上升非常迅速，可在几天内爆发成灾，一般 8 月中旬开始发病，如条件适宜，8 月下旬至 9 月上旬就可达到高峰期，常常造成毁灭性损失。

三、苜蓿主要病虫害防治技术

（一）苜蓿主要病虫害防治技术

1. 及时刈割或适时早割

及时刈割或适时早割是苜蓿病虫害防治的一项有效措施，可有效避免和阻止害虫发生高峰期和压低害虫虫口。在我区如能在 6 月上旬及时收割第一茬苜蓿，将对蚜虫、蓟马、草地螟、盲蝽得到有效的控制，可避免对第一茬苜蓿的危害；7 月中旬及时刈割可有效防治蓟马、盲蝽对第二茬苜蓿的危害。

2. 药剂防治

（1）蚜虫：在 6 月上中旬大发生的种子基地和无法及时刈割的地块采用 25% 吡虫啉可湿粉剂 1 500 倍或生物农药 BRA 喷施。

（2）蓟马：对于蓟马虫口达到百枝条 400 头以上，4.5% 高效氯氰菊酯乳油 1 500 倍或生物农药中农 1 号水剂 800 倍进行喷施。应注意药剂的交替使用，严禁在同一地块连续使用同一种农药，特别是高效氯氰菊酯很易产生害虫抗药性。

（3）草地螟：当发现每平方米幼虫达到 1～2 头，或者有大量成虫活动 7～10 天后进行药剂防治，选用低毒化学药剂 4.5% 高效氯氰菊酯乳油 1 500 倍或生物农药中农 1 号水剂 800 倍、0.3% 苦参素 3 号水剂 800 倍进行喷施。

（二）苜蓿主要病害防治技术

苜蓿病害的防治应遵循"防重于治"的原则，根据病害的发生特点和流行规律，加强早期田间监测，采取综合防治措施，在发生开始期控制住病害的危害。

1. 苜蓿褐斑病

（1）实施提前收割措施。7 月下旬及时或提前收割一茬，并及时清出田间，该措施可有效延缓病情发展，阻止病情高峰出现，减少病原传播，起到减少下茬苜蓿发病和减轻质量损失的作用。

（2）水浇地控制灌水量，防止大水漫灌浸泡，以降低田间湿度，减轻病害的发生和发展。

（3）药剂防治。对于不能早割的苜蓿地则应在 7 月下旬采取药剂预防一次，通常可使用多菌灵、甲基托布津、万霉灵等药剂 500~800 倍液体进行喷雾，流行年份可隔 7 天再喷一次，可起到明显的控制作用。

2. 苜蓿霜霉病

可在 6 月上中旬和 7 月中下旬苜蓿霜霉病的两个发生高峰期前及时刈割；或者在 5 月中下旬和 7 月上旬根据病情发展进行 1~2 次药剂防治，药剂选用霜霉疫净、甲霜灵、杀毒矾、虫露等 600~800 倍液体进行喷雾。

3. 苜蓿白粉病

8 月中旬提前刈割或进行药剂防治，选用百里通、粉锈宁、锁病 800~1 000 倍液喷雾 1~2 次。

第六章
肉牛的繁殖技术

第一节　公牛的生殖器官和生理功能

一、睾丸

　　睾丸是产生精子和分泌雄性激素的器官，分左右两个，包在阴囊中。牛的睾丸呈长卵圆形，长轴与地面垂直，附睾位于睾丸的背面，头朝下，尾朝上。睾丸的外面包被着由腹膜转化的固有鞘膜，最外层为较厚的强韧纤维组织构成的白膜。白膜伸入睾丸的实质分为许多锥形小叶，构成睾丸纵隔。牛的睾丸纵隔构造不完全，因而睾丸小叶之间的分界不明显。每个小叶内有 1 条或派生数条呈弯曲状的精细管，称曲精细管，其直径仅为 0.1 ~ 0.2mm，也有的达 0.4mm。其总长度为 4 000 ~ 5 000mm。曲精细管在各小叶的尖端先各自汇合，成为很短的直精细管，进入纵隔结缔组织内形成弯曲的导管网，称为睾丸网。睾丸网是曲精细管的收集管，最后由睾丸网分出 10 ~ 30 条睾丸输出管，形成睾丸头。

二、附睾

　　附在睾丸上方并移向其后下缘的组织。附睾由头、体、尾三部分组成，由来自睾丸网的 10 多条输出小管构成。许多小管由结缔组织联结成小叶，以扁平状贴附在睾丸上缘的为附睾丸头，以弯曲而细长状贴附在睾丸上的为附睾体，以圆盘状贴附在睾丸远端的为附睾尾。在睾丸内附睾管弯曲减少成为输精管，此管的拉直长度达 35 ~ 50cm，直径 1 ~ 2mm。精子由睾丸的曲精细管通过附睾时是最后成熟的过程，一般的成熟时间是 10 天。来自睾丸的稀薄精子悬浮液，此时水分被吸收，在尾部成为极浓的精子悬浮液。成熟的精子则贮存在睾丸曲精细管的尾部，在弱酸性、体温略低且缺乏精子代谢所需要的糖类的条件下，呈休眠状态，精子在这一部位的存活期为 60 天以上。

三、阴囊

阴囊是从腹壁凸出形成的皮肤—肌肉囊，包裹着睾丸，具有调节睾丸和附睾温度的功能，一般可保持 34~35℃. 在胚胎期间睾丸和附睾位于腹腔中，到出生前才降到阴囊里，如果不下落则称为隐睾，这是造成不育的原因之一。

四、输精管

输精管起始于阴囊中，经腹股沟管进入骨盆腔，开口于膀胱颈附近的尿道壁上。牛的输精管尿道端膨大，称为输精管壶腹，是一种副性腺，共有 1 对。输精管在睾丸系膜内与血管、淋巴管、神经、提睾内肌等组成精索，在延长至射精管处结束。输精管的肌肉层较厚，收缩力强，配种时有利于精子射出。

五、尿生殖道及副性腺

尿生殖道只有 1 条，是精液和尿液排出的共同通道。起始于膀胱颈末端，终于阴茎的龟头，分骨盆部和阴茎部两端。在骨盆部有两个圆形阜状物，称为精阜，其上有输精管和精囊腺的开口。附性腺有输精管壶腹、精囊腺、前列腺、尿道球腺四种。

六、阴茎和包皮

这是位于腹壁自耻骨部前行到达脐部附近的器官。包括阴茎海绵体、尿生殖道阴茎部和外部的皮肤。阴茎可分为阴茎根、阴茎体和阴茎头三部分。阴茎根附在坐骨弓腹侧，阴茎体主要由成对的海绵体构成，阴茎头末端膨大成龟头。牛的阴茎长达 80~100cm，海绵体欠发达，呈 S 状弯曲，当勃起时，S 状弯曲拉直，血液大量注入海绵体内的血管部，阴茎容积增加，呈挺直状，肌肉保持其伸展状态。平时阴茎隐在包皮内。包皮是一种皮肤被囊，包覆在阴茎的外面，对阴茎有保护和滋润作用。

第二节　母牛的生殖器官和生理功能

一、卵巢

卵巢是母牛生殖器官中最重要的部分。母牛的卵巢为椭圆形，大如青枣。卵巢以较厚的卵巢系膜悬挂于腰部，位于盆腔前口的两侧，其子宫角起始部的上方，已产母牛的卵巢常稍坠于前下方。每侧卵巢的前端为输卵管端，后端为子宫端，两缘为游离缘和卵巢系膜缘。卵巢是产生卵细胞的器官，同时还分泌雌激

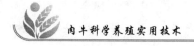

素，以促进其他生殖器官及乳腺的发育。生殖上皮为卵细胞的发源处，卵巢内雌激素则是由卵泡颗粒细胞产生的。

二、输卵管

输卵管位于子宫阔韧带外侧形成的输卵管系膜内，长15～30cm，有很多弯曲。它是连接卵巢与子宫的一对弯曲的管状器官。输卵管在腹腔的一端，成漏斗状，其边缘有很多不规则的突起和皱裂，称为"伞"，与卵巢相接。其后端接子宫角，两者之间没有明显的界限。输卵管是卵子受精的地方，也是精子从子宫运行到壶腹部的通道，是精子进入卵子使其受精成为受精卵的地方。输卵管的分泌液，为精子和卵子的正常运行，以及合子的早期发育和运行提供条件。

三、子宫

子宫位于骨盆腔入口的地方，在直肠的下面，悬挂在子宫阔韧带上。它由左右2个子宫角、1个子宫体和1个子宫颈构成。两子宫角在靠近子宫体的一段彼此相粘连，内部有纵隔将其分开，上方有1个下陷的纵沟称角间沟。子宫是胚胎发育成胎儿并供给其营养的地方，子宫黏膜内的子宫腺能分泌子宫乳，为早期胚胎发育提供营养物质。随着胚胎的着床、附植，分别形成胎儿绒毛膜和母体胎盘，成为母体和胎儿间交换营养和排泄废物的临时器官。

四、阴道

阴道位于骨盆腔中部，直肠下面。其前端有子宫颈阴道部的突起部分，子宫颈阴道部周围的阴道腔称为阴道穹窿。牛阴道长25～30cm，为母牛的交配通道，也是交配后的精子库。阴道通过收缩、扩张、复原、分泌和吸收等功能，排出子宫黏膜及输卵管分泌物，同时也是分娩时的产道。

五、外生殖器官

外生殖器官包括尿生殖前庭、阴蒂和阴唇。尿生殖前庭是指阴瓣至阴门间的部分，在腹侧壁瓣后方有一尿道开口。在前庭左右侧壁，稍靠背侧有前庭大腺的开口各一，在靠近阴道处有前庭小腺开口。阴唇和阴蒂是母牛生殖道的最末端部分，阴唇分左右两片构成阴门。在阴门下角内包含有一球形凸起物即阴蒂，阴蒂黏膜上有感觉神经末梢。

第三节　母牛的发情生理及鉴定

一、母牛发情的周期、季节与初配时间

（一）发情和发情周期

发情是适配母牛的一种生殖生理现象，完整的发情应具备以下4方面的生理变化：卵巢变化。功能性黄体已退化，卵泡正在发育生长成熟，并进一步排卵。精神状态变化。兴奋，食欲减退，活动性增强。外阴部和生殖道变化。阴唇充血肿胀，黏液外流，阴道黏膜潮红湿润，子宫颈口开张，出现性欲。常主动接近公牛，爬跨，站立接受公牛或其他母牛的爬跨。

母牛每隔一段时间出现1次发情，两次相邻发情的间隔称为1个发情周期。发情周期一般分为4个时期：一是发情前期，二是发情期，三是发情后期，四是间情期。

（二）发情季节

母牛是常年发情。在均衡饲养条件下，总是间隔1个周期出现1次发情，如果已受胎，发情周期即中止，待产犊后间隔一定时间，重新恢复发情周期。以放牧饲养为主的肉牛，由于营养状况存在着较大的季节差异，特别是在北方，大多数母牛只在牧草繁茂时期（6—9月）膘情恢复后集中出现发情。以均衡舍饲饲养条件为主的母牛，发情受季节的影响较小。

（三）初配期和初配年龄

青年母牛出现第一次完整发情称为初情期。牛的初情期在5～10月龄，因品种和环境而异。在同一品种牛中，营养水平和体重是影响初情月龄的最主要的因素。肉用牛多采取季节繁殖的方式，所以大多数个体要到24月龄左右才开始配种。因营养所限的母牛，大多要到2.5岁至3岁才开始配种。

二、母牛发情周期的生理参数

（一）发情周期的长度

其计算方法是：（相邻）两次发情（以出现日期为准）的间隔天数。（相邻）两次排卵间隔的天数。习惯上把出现发情当日算为零天，零天也就是上一个发情周期的最后一天。

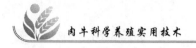

牛的发情周期为 20～21 天。18～24 天属正常范围。周期长度存在着年龄上的差异；青年母牛平均 20 天，成年母牛为 21 天。

（二）发情期长度

衡量标准是以接受爬跨持续的时间作为发情期长度的标准。发情时间的变异范围很大，自 2 小时至 30 小时不等，一般为 15～20 小时。

1. 排卵时间

（1）测定方法。每间隔一定时间（2 小时或 4 小时）进行 1 次直肠检查，至排卵为止。

（2）计算方法。统计自发情开始到排卵发生所间隔的小时数，或者统计自发情结束到排卵发生间隔的小时数。在生产实践中。应根据发情的出现时间估计排卵时间与最佳的输精时间。母牛的排卵时间与营养状况有很大关系：营养正常的母牛约 75.3% 集中在发情开始后 21～35 小时，而营养水平低的母牛则只有68.9% 集中在 21～35 小时。

2. 产后发情的出现时间

肉牛产后第一次发情距分娩平均为 63（40～110）天。但大多数产犊哺乳母牛当年不发情。

三、母牛发情的鉴定方法

发情鉴定是通过综合的发情鉴定技术，判断母牛的发情阶段，确定最佳的配种时间，以便及时进行人工授精，达到用较少的输精次数和较少的精液消耗量，最大限度地提高配种受胎率的目的。同时，可判断母牛的发情是否正常。若发现异常，则可及时采取措施，进行必要的治疗。此外，也可为妊娠诊断提供参考。

发情鉴定的方法很多，常用的主要有以下 4 种方法。

（一）外部观察法

主要通过对母牛个体的观察，视其外部表现和精神状态的变化来判断是否发情和发情的状况。发情的母牛兴奋不安，来回走动，大声哞叫，爬跨，相互舔嗅后躯和外阴部。发情母牛稳定站立并接受其他母牛的爬跨（静立反射），这是确定母牛发情的最可靠根据。黏液状况及外阴部的变化也是重要的外部观察指标。发情前期阴唇开张并肿胀，阴门湿润，黏液流出量逐渐增加，呈线缕状，悬垂在阴门下方（俗称"掉线"）。发情末期外阴部肿胀稍减退，流出较粗的乳白浑浊状黏液，此时是输精最佳时期。至发情后期，黏液量少而黏稠，由乳白色逐渐变为浅黄红色。若观察到母牛排出较多的血液（俗称"排红"），一般是在发情后 2 天左右。

（二）试情法

对于发情不明显、不易判断的母牛，为了不致造成失察漏配，可使用试情法。公牛试情法是利用体质健壮、性欲旺盛而无恶癖的试情公牛，令其接近母牛，根据母牛对公牛的亲疏表现，判断其发情程度。用试情公牛鉴定发情，必须对试情公牛进行处理，如已做过输精管结扎或阴茎扭转术等，使其不能与母牛交配受胎。为了减少结扎公牛输精管手术的麻烦，还可选用特别爱爬跨的母牛代替公牛试情。

（三）阴道检查法

该法是借用开膣器来观察母牛阴道的黏膜、分泌物和子宫颈口的变化来判断是否发情。不发情母牛阴道黏膜及子宫颈无充血、水肿，子宫颈口关闭。而发情母牛外阴红肿，阴道黏膜及子宫颈充血水肿，子宫颈外口开放，并流出大量黏液。初情时期黏液量稀少透明，如水样；发情盛期黏液量增多，并逐渐变黏稠。到发情后期则黏液透明度降低，数量减少，不仅黏液变浑浊，最后变为乳白色或乳黄色。同时，外阴及阴道黏膜肿胀逐渐消退，皱纹增多，颜色发紫。

检查阴道时，先将母牛在配种架内保定，尾巴用绳子栓向一侧，将外阴部清洗消毒后，用消毒过的开膣器或扩张筒，插入母牛阴道内，打开照明装置，观察阴道黏膜颜色、充血程度，子宫颈口的开张、松弛状态，阴道内部黏液的颜色、黏稠度、量的多少，判断母牛的发情程度。在操作过程中动作要轻，以免损伤阴道或阴唇。此法并不能确切地判断母牛的排卵时间，因此生产中不常用，仅在必要时作为发情鉴定的辅助手段。

（四）直肠检查法

此方法主要是根据卵巢上卵泡的大小、软硬程度等来判断发情程度。检查时将被检母牛引入配种架内保定，术者剪短指甲并磨光滑，戴上长臂手套，用水或润滑剂涂抹手套，最好在母牛的肛门也涂抹一些润滑剂。术者手指并拢呈锥状插入肛门，伸直进入直肠，可摸到坚硬索状的子宫颈及较软的子宫体、子宫角及角间沟，沿子宫角大弯至子宫角顶端外侧，即可摸到卵巢后，用手指肚轻轻触摸另一侧卵巢。休情期的母牛多数情况是一侧卵巢比另一侧大。母牛的卵泡发育可分为以下 4 个时期：第一期为卵泡出现期；第二期为卵泡发育期；第三期为卵泡成熟期；第四期为排卵期。

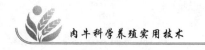

第四节 母牛的妊娠与分娩

母牛的妊娠因品种、年龄、胎次、所怀胎犊性别及环境因素的不同而有差异，一般早熟品种牛的妊娠期要比晚熟的品种牛短，年轻母牛要比老年母牛短，怀母犊要比公犊短，怀双犊要比单犊短。环境条件的改变也能引起母牛的妊娠期变化，因此必须综合考虑进行预产期的确定。母牛妊娠期平均为 282 天（276 ~ 290 天）。预产期的推算方法为：若按 280 天妊娠期计算，将母牛参加配种月份减 3，日期加 6，即可预算出分娩期。

母牛配种后，形成受精卵并在母牛子宫内继续进行胚胎的早期发育。经过卵裂，继而经过桑葚期，然后附植在子宫内发育为胎儿。胎儿通过胎膜系统（包括胎膜、胎儿胎盘及脐带）行使营养、呼吸、代谢、循环、内分泌、免疫保护、机械保护等多种生理职能，得以正常生长发育。在 6 个月前胎儿生长缓慢，初生体重的 80% ~ 90% 是在妊娠最后 3 个月增长的。这就要保证对妊娠牛在妊娠后期加强饲养管理。

一、妊娠诊断

配种后的母牛一般在经过一个发情周期后，未出现发情的，判断可能已妊娠；而出现发情的，则未妊娠。这对发情规律比较正常的母牛，有非常重要的参考价值和实用价值，但不能作为主要的依据。因为，当母牛饲养管理不当或利用不当时，生殖器官不健康，性激素作用紊乱以及有其他疾病发生时，虽未妊娠，也可能不表现发情，而少数已妊娠的母牛也会出现假发情。因此，及时准确地对配种后的母牛进行妊娠诊断，特别是早期诊断，对提高母牛的繁殖率有重要意义。对已确定妊娠的母牛，注意加强饲养，防止流产发生。对配种后未孕母牛，可以及时进行下一情期的配种。

妊娠诊断的方法很多，概括起来大体可分为 3 类：一是外部检查法；二是内部检查法；三是实验室诊断法。临床上应用的妊娠诊断方法，包括外部检查法和内部检查法两大类。这些方法既有其自身的优点，又都存在一定的局限性。在临床实践中应根据畜种、妊娠阶段及饲养管理方式等来决定要采用的诊断方法。有时不是孤立采用某种方法，而是把某一种或几种作为主要诊断方法，其余的作为辅助诊断方法。常用的临床诊断方法：外部观察法、阴道检查法、直肠检查法。进行母牛妊娠诊断直肠检查时，应注意以下几种情况与正常情况的区别：一是孕

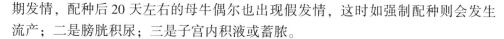

期发情，配种后20天左右的母牛偶尔也出现假发情，这时如强制配种则会发生流产；二是膀胱积尿；三是子宫内积液或蓄脓。

二、分娩预兆

分娩前数天，骨盆部韧带变得松弛，荐骨后端活动范围增加，当用手握住尾根做上下活动时，会明显感觉到荐骨后端容易上下移动，臀部肌肉出现塌陷；阴唇逐渐肿胀，皮肤皱纹展平、颜色微红、质地变软；阴道黏膜潮红，黏液由浓稠粘滞变得稀薄润滑。乳房明显肿胀，临产前4～5天可挤出少量清亮胶状液体，前2天可挤出初乳。从妊娠7个月开始，体温逐渐升高，在妊娠后期可达39℃，到产前12小时左右体温可下降0.4～0.8℃。

三、分娩时胎儿同母体的空间关系

常用胎向、胎位、前置和胎势等术语来表示分娩时胎儿同母体的空间关系。

（一）胎向

胎向是指胎儿的纵轴同母体纵轴的关系。有3种胎向：纵向，两者平行；竖向，两者竖立垂直；横向，两者横向垂直。三者中只有纵向是正常胎向。

（二）胎位

胎位是指胎儿的背部同母体背部的关系。有3种胎位：上位：胎儿的背部朝向母体大的背部，俯卧在子宫内；下位：胎儿的背部朝向母体的下腹部，仰卧在子宫内；侧位：胎儿的背部朝向母体的腹侧壁，又分左侧位和右侧位两种。三者中只有上位是正常胎位。

（三）前置

前置是指胎儿最先入产道的部位。头和前肢最先进入产道，称为头前置。后肢和臀部最先进入产道，称为臀前置。对于家畜，头前置（正生）和臀前置（倒生）都是正常的，其他前置都是异常的。

（四）胎势

正常分娩时，应为纵向、上位、头前置或臀前置。头前置（正生）时，头部和两肢伸展，头部的口鼻端和两前蹄一起最先进入产道。臀前置（倒生）时，后肢伸展，两蹄最先进入产道。其他任何姿势都是异常。

四、分娩过程与助产

（一）分娩过程

整个分娩过程分为3个时期：开口期，胎儿产出期，胎衣排出期。

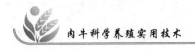

1. 开口期

从子宫开始间歇性收缩起，到子宫颈管完全开张，与阴道的界限完全消失为止。这一时期的特点是只有阵缩（子宫肌的自发收缩）而不出现努责（腹肌的随意收缩）。初产母牛通常表现不安，食欲减退，时起时卧，来回走动，时而弓背抬尾，做排尿姿势。经产牛一般表现安静，有的看不出明显征候。牛的开口期约为6~12小时。

2. 胎儿产出期

从子宫颈完全开张起，至胎儿排出为止。此时阵缩和努责都将出现。努责是排出胎儿的主要动力。产牛表现烦躁，腹痛，呼吸和脉搏加快。牛在努责出现后即自行卧地，由羊膜—绒毛膜构成的灰白色或黄色羊膜囊露出阴门。接着羊膜囊破裂，灰白色或浅黄色羊水同胎儿一起排出。有的羊膜囊先行破裂流出羊水，再排出胎儿。一般尿膜囊在胎衣排出期破裂并排出尿囊液。牛的胎儿产出期为0.5~4小时。

3. 胎衣排出期

从胎儿产出后至胎衣完全排尽。胎儿产出后，母体安静下来。几分钟后子宫又出现收缩，伴着轻度努责，使胎儿同母体胎盘脱离，最后把全部胎膜（包括尿膜—绒毛膜上的胎儿胎盘）脐带以及残留胎液一起排出体外。牛的胎衣排出期为2~8小时，如超过10小时仍未排出或者未排尽，应按"胎衣不下"处理。

（二）助产

1. 分娩

是母牛的一种本能和正常生理过程。一般情况下，不必过多干预，助产人员的主要职责在于监视分娩过程，以及护理初生犊牛。

分娩过程的检查　当胎儿口鼻露出时（正生），将消毒后的手臂伸进阴道进行检查，确定胎势是否正常，如果正常，等待其自然产出，必要时可以人工辅助拉出胎儿。如果只见前蹄，不见口鼻，应当先检查胎儿的前置部位，如胎势正常，可以等待；如胎势异常，则应立即调整胎势；若是胎儿倒生，应尽快拉出胎儿。有时羊膜囊局部露出但未破水，应当根据胎儿前置部位进入骨盆腔的程度决定是否立即撕破羊膜，如果口鼻部和两前肢已经露出阴门，可撕破，否则应当等待。

2. 人工辅助牵引

在胎儿较大或分娩无力的情况下，需用人工帮助牵引，用力时应与母牛的阵缩同步，牵引方向应当与骨盆轴的方向一致。倒生牵引时，要帮助牵拉脐带，防止脐带在脐孔处拉断。人工牵引过程中，要用双手保护好阴门，防止撕裂。

3. 脐带处理

犊牛出生后立即擦掉口腔和鼻孔中的黏液，擦干被毛。脐带多自行拉断，一般不必结扎，但需用5%～10%碘酊充分消毒。如为双胎，第一头降生后应对脐带做两道结扎，从中剪断。

4. 检查胎衣

胎衣应在胎儿产出后2～8小时排出，超过10小时不排出时，应按胎衣不下处置。即使胎衣已经排出，也要检查胎衣是否完整，如子宫里有残留部分，应及时处理。

五、产后护理

产后母牛护理，首先要注意外阴部和后躯的消毒和清洁，如尾根和外阴周围粘着有恶露，应及时洗净，要经常更换褥草，清扫牛床。产牛需充分供给饮水。产后10天内应给予质量好的饲料，此后可慢慢换成日常饲料。

新生牛犊要注意检查脐带，生后1周脐带应干萎脱落，如有异常应及早处置。牛犊在生后30～50分钟必须吃上初乳。要保持圈舍卫生，注意保温、通风。

第五节 提高母牛繁殖力技术

一、繁殖力的概念

家畜的繁殖力是指家畜正常繁殖功能及生育后代的能力，母牛的繁殖力主要是生育后代的能力和哺育后代的能力。近年来，为开发母牛的潜在繁殖能力，已采用超数排卵、采集卵巢上卵泡内卵子进行体外受精和胚胎移植等新技术，充分发挥母牛的繁殖能力，并已经发展为胚胎生物工程技术。

二、牛的正常繁殖力指标计算方法

（一）衡量繁殖力的指标和正常受胎率

1. 不返情率

牛妊娠后通常不再出现发情，所以可用不再发情率（不返情率）粗略反映受胎率。随着时间的推移，不返情率逐渐下降，因此，在使用不返情率这一指标时，一定要注明时间参数。

2. 配种指数（每次妊娠所需配种的情期数）

$$配种指数 = 配种情期头数 / 妊娠数$$

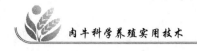
3. 情期受胎率

$$情期受胎率（\%）= 妊娠头数/配种情期头数 \times 100$$

正常情期受胎率为 54% ~ 55%。

（二）衡量综合繁殖力的指标

1. 空怀天数

空怀时间以 80 天为理想，这样既能保证 1 年 1 胎，又可充分发挥牛的泌乳潜力。大多数情况为 90 ~ 100 天，甚至更长一些。

我国牧区和山区，黄牛所需营养几乎完全依赖天然草场，全年的营养状况存在着极大的季节差异。这些地区，母牛大多集中在牧草丰盛的季节发情，配种期很短。母牛产犊后需要哺育犊牛，分娩至产后第一次发情的间隔时间很长，容易错过配种季节。所以，这些地区当年产犊次年再发情配种是一种相当普遍的现象。

2. 繁殖率

$$繁殖率（\%）= 实产活犊数/配种母牛数 \times 100$$

3. 繁殖成活率

$$繁殖成活率（\%）= 断奶时存活犊数/配种母牛数 \times 100$$

三、影响与提高繁殖力的因素

（一）影响繁殖力的因素

1. 遗传因素

这是影响肉牛繁殖率的主要因素。

2. 生态环境因素

肉牛生活的自然环境中，光照、温度的季节性变化，都具有一定的刺激作用，通过生殖内分泌系统，引起生殖生理的反应，对繁殖力产生影响。母牛在炎热的夏季，配种受胎率降低。公牛由于气温升高，造成睾丸及附睾温度上升，影响正常的生殖能力和精液的品质，也严重影响繁殖力。

3. 营养因素

饲料营养维持着肉牛的繁殖能力。若营养缺乏，如缺乏蛋白质、维生素和矿物质中的钙、磷、硒、铁、铜、锰等营养成分，将导致青年母牛初情期推迟，成年母牛出现乏情，发情周期不正常，卵泡发育和排卵延缓，早期胚胎发育与附植受阻，增加早期胚胎死亡率和初生犊牛死亡率，严重的将造成母牛繁殖障碍，失去繁殖力。

4. 繁殖技术因素

这是一种人为因素。

5. 繁殖疾病因素

家畜的繁殖是系统完整复杂的生理生殖过程,若任何一个环节受到干扰和破坏,将出现繁殖疾病而发生繁殖障碍。

(二) 提高繁殖力的途径

提高肉牛繁殖力的途径,主要是针对影响繁殖力的因素,从加强营养和饲养管理、提高繁殖技术和繁殖疾病的治疗等方面入手,采取各种有效的科学措施,应用现代先进的繁殖技术,开发潜在的繁殖力,才能最大限度地提高肉牛的繁殖力。

1. 公牛方面

一要严格选育种公牛,种公牛是影响母牛繁殖力的重要因素。二要按照国家标准的要求生产优质精液。必须严格按照科学日粮的配方进行饲养管理。同时,还要进行定期检疫和严格的隔离消毒防疫措施。制定采精制度,认真按照技术要求进行冷冻精液的生产,保证公牛健康状态和旺盛的性欲,生产优质的冷冻精液。

2. 母牛方面

一要加强饲养管理,维持并保证母牛正常繁殖功能。预防疫病,建立良好的牛舍条件,对于某些由于生殖道疾病或是由于生殖内分泌失调、生殖生理功能异常的母牛,及时应用相应的生殖激素进行针对性治疗。二要加强保胎防流产,维持正常的妊娠。

3. 繁殖技术方面

一要提高配种人员的技术素质。二要准确把握输精的最佳时间。

第一节　繁殖母牛的饲养管理

受胎率和犊牛断奶重是肉牛养殖成功与否的两个重要因素，它们都受饲料、饲养条件的影响，因此繁殖母牛的生产性能在整个肉牛业中占有重要地位。繁殖母牛的营养需要包括维持、生长（未成年母牛）繁殖和泌乳的需要。这些需要可以用粗饲料和青贮饲料满足。繁殖母牛的营养需要受母牛个体、产奶量、年龄和气候的影响。其中，母牛个体的影响最大，母牛个体越大，生出的犊牛也越大。母牛体重每增加45kg，犊牛断奶重就增加 0.5 ~ 7kg。大型母牛对饲料的需要量高，因此，饲养母牛的牛场应该注意：大犊牛的价格是否能超过母牛多吃饲料的成本，大犊牛出生时能否造成难产。母牛产犊率主要受犊牛出生前 30 天和出生后 70 天的营养状况的影响，这 100 天是母牛—犊牛生产体系中最关键的时期。

一、母牛饲养中的关键性营养问题

第一，对繁殖母牛，应该牢记能量是比蛋白质更重要的限制因子。

第二，缺乏磷对繁殖率有不良影响。

第三，补充维生素 A，可以提高青年母牛的繁殖力。

第四，产犊前后 100 天的饲料、饲养状况对母牛的发情率和受胎率起决定作用。产犊后，由于母牛产奶增加，对饲料的需要量大幅度增加，因此，哺乳期母牛的营养需要量要比妊娠期高 50%，否则会导致母牛体重下降不能发情或受胎。

第五，在妊娠期间，母牛的增重至少要超过45kg，产犊后每日增重 0.25 ~ 0.3kg，直到配种完毕。如果母牛产犊时体况瘦弱，产后的日增重应该达到 0.3 ~ 0.9kg。这样，产犊前每日需要饲喂 6 ~ 10kg 中等质量的干草，产犊后每日要饲喂 6～12.7kg 干草加 2kg 精饲料，同时应注意蛋白质、矿物质和维生素的供应。

第六，母牛有无营养性繁殖疾病可以从以下 3 点判断：在发情季节能按正常周期（21 天）发情和配种的母牛很少。第一次配种的受胎率很低。犊牛 2 周内的成活率很低。

二、母牛的冬季饲养管理

对繁殖母牛，良好的冬季饲养条件可以提高繁殖力、犊牛初生重和断奶重。粗饲料可以作为妊娠牛冬季的主要饲料，也可以用青贮加干草。含杂物多或霉变的饲料绝对不能饲喂妊娠牛，否则容易造成流产。在晚秋和冬季给母牛喂质量很低的粗饲料时，要补充精饲料，补充的原则是不让母牛减轻体重，否则繁殖性能会受到严重影响。精料喂量可由以下 3 个原则确定：粗饲料的种类和数量；母牛的年龄和体况；母牛是干奶期和哺乳期。

以干物质为基础，妊娠牛每日的饲料需要量如下：瘦母牛，占体重的 2.25%；中等体况的母牛，占体重的 2%；体况好的母牛，占体重的 1.75%。母牛哺乳期间对饲料的需要量应该相应增加 50%，因此，哺乳牛和干奶牛应该分开饲养，这样既能满足哺乳牛的营养需要，又可防止干奶牛采食过量，浪费饲料。初生犊牛的身体物质组成水占 75%，蛋白质占 20%，灰分占 5%。1 头 35kg 的犊牛只有 8kg 干物质。因此，只要不处于哺乳期，妊娠牛的营养负担并不重，饲喂粗饲料最经济。

三、妊娠母牛的饲养管理

母牛妊娠初期，由于胎儿生长发育较慢，其营养需要较少，但这不意味着可以忽视对妊娠初期母牛营养物质的供给，仍需保证妊娠初期母牛的中上等膘情。妊娠后期胎儿的增重较快，所需要营养物质较多，从妊娠第五个月起应加强饲养，对中等体重的妊娠牛，除供应平常日粮外，还需要每日补加精料 1.5kg。妊娠最后 2 个月，每日应补加 2kg 精料，但不可将母牛喂得过肥，以免影响产犊。体重 500kg 妊娠牛中期的营养和冬季日粮的配方见表 7 - 1、表 7 - 2。妊娠后期禁喂棉籽饼、菜籽饼、酒糟等饲料，变质、腐败、冰冻的饲料不能饲喂，以防流产。

一般母牛配种妊娠后就应该专槽饲养，以免与其他母牛抢槽、抵撞，造成流产。每日坚持打扫圈舍，保持妊娠母牛圈舍清洁卫生，对圈舍及饲喂用具要定期消毒。经常刷试，以保持牛体的清洁卫生。此外，妊娠牛要适当运动，增强母牛体质，促进胎儿生长发育，并可以防止流产。注意饲草料和饮水卫生，保证饲草料、饮水清洁卫生，不喂冰冻、霉变饲料，不饮脏水、冰水。妊娠后期的母牛要

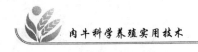

注意多观察，发现临产征兆应令牛留在牛圈等待产犊。

表7-1 体重500kg妊娠中期母牛的营养需要

营养物质	需要量
干物质	9.5kg
代谢能（天）	5.9MJ/kg
蛋白质	7.8%
钙	0.21%
磷	0.26%
维生素A	2.7万IU

表7-2 体重500kg妊娠牛的冬季日粮（kg/天）

饲料名称	配方编号				
	1	2	3	4	5
混合干草	8				4.5
混合牧草青贮		12			
玉米或高粱青贮			15		
秸秆青贮				20	
秸秆					4.5
补充料			0.2	0.45	

四、哺乳母牛的饲养管理

哺乳期母牛是指母牛产犊到牛犊断奶为止的一段时间。产奶比妊娠需要的饲料量更多。哺乳母牛的能量需要量比妊娠牛高50%，蛋白质、钙和磷的需要量则高出1倍。产后头几天要喂给母牛易消化和适口性好的饲料，控制青贮饲料、青绿饲料及块根块茎类饲料的饲喂，对于干草可以让母牛自由采食，但要防止母牛急剧消瘦。一般来说产后1周，母牛可恢复正常喂量。产奶量的多少决定了犊牛的生长速度，为了提产奶量，在冬季要给母牛补饲少量精饲料。一般秋季产犊的母牛在整个冬季每日要补饲1.8～2.7kg精饲料。500kg哺乳母牛冬季的日粮配方见表7-3。

表 7 – 3　体重 500kg 哺乳母牛的冬季日粮比例（kg/天）

饲料名称	配方编号				
	1	2	3	4	5
混合干草	13			9	4.5
混合牧草青贮		22			
玉米或高粱青贮			27		18
能量饲料				2	
蛋白质补充料			0.6		

不给哺乳母牛饲喂发霉变、腐败、含有残余农药的饲草料，且要注意清除混入草料中的铁钉、金属丝、铁片、玻璃等异物。最好每天能刷试哺乳母牛的身体，清扫圈舍，保持圈舍的清洁和卫生。夏季注意防暑，冬季注意防寒，栓系牛的缰绳长短宜适中。

五、产犊时间控制

产犊时间最好控制在白天，因为这时温度适宜，容易发现临产并及时接产，可以提高犊牛的成活率，也可减少电力消耗。如在产犊前 2 周开始把饲喂时间从 17：00 时推迟到 21：00 时，能使绝大部分犊牛在白天出生。

六、利用秸秆饲养母牛

母牛群的饲养要保证两点：一是维持中等体况，不影响产犊；二是要降低饲养成本。充分利用农作物秸秆资源是发展母牛群的可行方法。玉米秸和玉米芯的营养成分见表 7 – 4。

表 7 – 4　玉米秸和玉米芯的营养成分

营养成分	玉米秸	玉米芯
维持净能（MJ/kg）	4.61	5.70
增重净能（MJ/kg）	1.60	2.69
粗蛋白（%）	4.50	3.40
钙（%）	0.40	0.02
磷（%）	0.07	0.05

体重 500kg 的母牛每日能采食 11～12kg 适口性好的玉米秸，对玉米芯的采食量更多。玉米秸和玉米芯能满足妊娠牛的能量需要，但是蛋白质、磷和维生素

A 稍微不足。因此，玉米秸是母牛从妊娠至产犊前 30 天最经济的饲料，每日每头牛只需要补饲 0.25kg 蛋白质含量 30% ~ 40% 的补充料。对哺乳牛和生长牛要补充更多的蛋白质。例如，体重 500kg 的哺乳牛每日需要 1.23kg 粗蛋白质，而每日吃 13.2kg 玉米秸才能得到 0.5kg 粗蛋白质，还满足不了一半的需要量。所以，每日至少要补饲 0.9kg 含粗蛋白质 40% 的补充料或 2.7kg 豆科牧草。饲喂玉米秸时必须补磷，对泌乳牛还要补钙。因此，建议补饲的钙、磷比为：妊娠牛为 1：2，产奶牛为 1：1. 母牛产犊前每日每头对维生素 A 是需要量为 27mg，产犊后为每日每头 3.9mg。补充维生素 A 有两种方法，一种是将维生素 A 添加在饲料内，另一种是肌内注射。

七、淘汰母牛的肥育

在正常情况下，母牛群的淘汰率约为 20%，淘汰的原因包括：繁殖率降低、乳房损伤、疾病、年龄超出生育期。对淘汰母牛进行短期肥育后出售，能获得较高的利润。购买淘汰母牛时一定要注意健康状况和牙齿状况。只要牙齿好，就可以粗饲料和青贮饲料为主进行肥育并达到满意的增重效果。

第二节　犊牛的饲养管理

一、初生犊牛的饲养

犊牛的科学饲养是容易被忽略的环节，但是这个环节很重要。损失 1 头犊牛就意味着白白饲养 1 头母牛 1 年，初生犊牛的饲养要注意以下几点。

（一）犊牛出生后及时、足量喂给初乳

初乳是指母牛产犊后 1 周以内分泌的乳汁。母牛产后 1 周内所分泌的乳汁，含有较高的蛋白质，特别是含有丰富的免疫球蛋白、矿物质、镁盐、维生素 A 等，这些物质对犊牛胎便的排出，对犊牛免疫力有很大的促进作用。犊牛出生后 1 小时内应该让其吃上 2L 初乳，过 5 ~ 6 小时，再让吃上 2L 初乳。

（二）哺乳常乳

常乳是指母牛产犊 1 周以后所分泌的乳汁。常乳每日的喂量最好是按照体重来确定，一般来说每 10 ~ 12kg 体重喂给 1kg 的牛奶，也就是每日的饲喂量为体重的 8% ~ 10%。常乳每日喂 2 次与喂 3 次其实没有多大的差别，在劳动力比较紧张的情况下，常乳的每日的饲喂次数以 2 次为宜。

给犊牛哺乳常乳可以用带奶嘴的奶瓶，也可以用小桶来喂。使用奶嘴饲喂的

方法比让犊牛直接从奶桶中吸奶要好，使用奶嘴时小犊牛只能缓慢地吮吸，符合犊牛的吃奶习惯，减少了腹泻和其他消化疾病的发生率。用奶桶饲喂犊牛需要经过训练，因为犊牛天生是头朝上吸奶的，所以有一定的难度。比较好的办法是用手指蘸一些牛奶然后慢慢引导犊牛头朝下从奶桶中吸奶，这种方法需要耐心地多训练几次才能有效果。也可用带奶嘴的奶桶，这样比较符合犊牛的吃奶习惯。

（三）及时训练牛犊采食植物性饲料

1. 补喂干草

犊牛出生后 1 周即可开始训练采食干草，方法是在饲槽或草架上放置优质干草任其自由采食，及时补饲干草可促进犊牛瘤胃发育和防止舔食异物。

2. 补喂精料

犊牛出生 4 天以后就可以开始训练采食精饲料。刚开始饲喂时，可将精饲料磨成细粉并混以食盐等矿物质饲料，涂于犊牛口鼻处，教其舔食。最初几天的喂量为 10～20g。几天后增加至 100g 左右，一段时间后，同时饲喂混合好的湿拌料，最好饲喂犊牛颗粒饲料，2 月龄后喂量可增至每日 0.5kg 左右。

3. 补喂青绿多汁饲料

犊牛初生后 20 天就可以在精饲料中加入切碎的胡萝卜、土豆或幼嫩的青草等，最初几天每日加 10～20g，到 60 天喂量可达 1～1.5kg。

4. 青贮料的补喂

青贮料可以从出生后 2 个月开始供给，最初每日供给 100g，到犊牛 3 月龄时可以供给 1.5～2kg。

（四）犊牛的饮水

犊牛在出生后 1 周内可在每次喂奶的间隔内供给 36℃ 左右的温开水，15 天后改饮常温水，30 天以后可以让犊牛自由饮水。

二、犊牛的管理

犊牛饲养的关键是做好"五定"和"四勤"。"五定"即定时、定温、定量、定质和定人；"四勤"即勤打扫、勤换垫草、勤观察、勤消毒。除此之外，还要从以下几项加强。

（一）新生犊牛护理

1. 新生犊牛呼吸畅通

犊牛出生后，首先要清除口鼻中的黏液。方法是使小牛头部低于身体其他部位，或倒提几秒钟使黏液流出，然后用干草搔挠犊牛鼻孔，刺激呼吸。

2. 肚脐消毒

犊牛断脐后将残留在脐带内血液挤干后，用碘酊涂抹在脐带上，进行消毒，防止感染。

（二）新生犊牛为什么要补饲

犊牛从出生到 2 月龄，母牛泌乳量达到最高峰，奶水基本能够满足犊牛生长发育营养需要，2 月龄后，随着犊牛生长发育的加快，奶水逐渐下降，不能满足犊牛生长发育的营养需要，这就要求养殖户及时对犊牛采取补饲。如果单纯地补饲玉米、麸皮等能量饲料，只能维持其体重增长，不能满足犊牛内脏、骨骼、肌肉发育对蛋白质的需要，不能发育成高档肉牛生长发育曲线。在 4 月龄断奶前，及时补充富含蛋白质的苜蓿青干草和颗粒饲料，使犊牛达到体高和体重均衡发育的程度，确保犊牛发育健全。如果不补充蛋白质饲料，骨骼、内脏发育受阻。因此，犊牛及早补饲易消化的颗粒饲料和苜蓿青干草，显得尤为重要，也是生产高档牛肉最为关键的环节，如果在这个环节出了问题，要想生产理想的高档牛肉只能是一句空话，这一点必须向广大养殖户讲清楚，要深入人心，把及时补饲颗粒饲料和苜蓿青干草变为养殖户的自觉行动。判定犊牛发育是否健全，不仅仅要关心犊牛的体重增长，更要关心犊牛的体高、体长增长，只有体高、体长发育完全了，才能说明蛋白饲料补充到位。

犊牛出生后对营养物质的需要量不断增加，而母牛的产奶量 2 个月以后就开始下降，为了使犊牛达到正常生长量，就必须进行补饲。表 7 - 5、表 7 - 6 是犊牛补饲的配方。

表 7 - 5　犊牛补饲料配方 1 号（风干物质）

原料	百分比（%）	每吨内含量（kg）
燕麦	39.60	363.20
玉米	15.80	136.20
大麦	8.90	80.70
小麦麸	9.90	90.80
干甜菜渣	9.90	90.80
豆饼	9.90	90.80
糖蜜	4.90	45.40
食盐	0.50	4.50
磷酸氢钙	0.50	4.50

（续表）

原料	百分比（%）	每吨内含量（kg）
微量元素	0.04	0.45
维生素 A（3 万 IU/g）	0.06	0.68
总计	100.00	908.03
营养成分	百分比（%）	
粗蛋白质	14.30	
粗脂肪	3.20	
粗纤维	8.30	
钙	0.30	
磷	0.50	
维持净能（MJ/kg）	7.22	
增重净能（MJ/kg）	4.22	

表7-6　犊牛补饲料配方2号（风干物质）

原料	百分比（%）	每吨内含量（kg）
玉米	24.25	220.20
苜蓿粉	22.50	204.30
燕麦	20.00	181.60
苜蓿干草	10.00	90.80
豆饼	6.20	56.30
麸皮	5.00	45.40
亚麻籽饼	5.00	45.40
糖蜜	5.00	45.40
磷酸氢钙	2.00	18.20
微量元素	0.05	0.45
维生素 A（32.5 万 IU/g）	—	0.063
总计	100.00	908.113
营养成分	百分比（%）	
粗蛋白质	15.10	
粗脂肪	3.00	
粗纤维	12.70	
钙	1.04	
磷	0.73	
维持净能（MJ/kg）	6.65	
增重净能（MJ/kg）	3.65	

在 3～4 周龄时，可以逐渐给犊牛喂料，在第一个 5 天内，每日每头犊牛只能喂 100g 料，犊牛吃剩下的料给母牛吃，每次都要给犊牛换新料。经过 5～7 天人工饲喂后，就可以让犊牛自己吃料。一旦犊牛学会吃料，饲槽内就要始终保持有料，供犊牛采食。在第一个月内，采食量约为每日每头 0.45kg，到第五个月结束时，采食量可达到 3.6kg。从 1 月龄到断奶，犊牛的补料量平均每日每头 1.4kg 最合适，这个量正好能补充牛奶营养的不足，使犊牛的骨骼和肌肉正常生长。如果超过这个数量，会使犊牛过肥，不经济。如果自己配制犊牛补充料，可按 90%～95% 的棉籽饼加 5%～10% 的盐配制。

（三）犊牛的早期断奶

犊牛一般在 6 月龄断奶。早期断奶指在 35 日龄内断奶。

1. 早期断奶的优点

第一，使犊牛快速进入肥育场。

第二，缩短母牛的配种间隔。

第三，减少母牛的营养需要量，使母牛利用更多的粗饲料。

第四，延长纯种母牛的使用寿命。

第五，早期断奶犊牛的肉料比最高。

2. 早期断奶的原则

第一，要在 35 日龄内断奶。

第二，喂给犊牛蛋白质、能量、维生素和微量元素含量平衡、适口性好的日粮。

第三，在断奶前 2～3 周给犊牛试喂开食料。

第四，给犊牛注射黑腿病疫苗和败血病疫苗，注射维生素 A 和维生素 D。

3. 早期断奶的年龄

35 日龄断奶最好。其优点是犊牛容易饲喂，母牛容易恢复并且可以确保母牛每 12 个月繁殖 1 头犊牛。

（四）创造犊牛最佳生存环境

注意环境条件。新生犊牛最适外界温度为 15℃。因此，注意保持犊牛床舍保温、通风、干燥、卫生。

（五）犊牛刷拭

刷拭犊牛，每日进行 1～2 次，以促进血液循环，保持皮肤清洁，减少寄生虫孳生。

（六）犊牛运动和调教

犊牛 1 周龄后可在圈内自由运动。10 天后可让其在运动场上短时间运动 1～

2 次，每次 30 分钟。随着日龄增加可适当增加运动时间。为了使犊牛养成良好的采食习惯，做到人牛亲和，饲养员应有意识接近它、抚摸它、刷拭它。在接近时应注意从正面接近，不要粗鲁对待犊牛。

（七）犊牛喂食注意"四"看

一看食槽。犊牛没吃净食槽内的饲料就抬头慢慢走开，这说明给犊牛喂料过多，如果食槽底和壁上只留下料渣舔迹，说明喂料量适中；如果食槽内被舔得干干净净，说明喂料量不足。

二看粪便。犊牛所排粪便 2 日渐增多，粪便比纯吃奶时稍稠，说明喂料量正常。随着喂料量的增加，犊牛排便时间形成新的规律，多在每天早晚喂料前后排粪。粪便呈无数团块融在一起，像成年牛粪便一样油光发亮且发软。如果犊牛排出的粪便形状如粥，说明喂料量过多；如果排出的粪便像水一样，并且臀部沾有湿粪，说明喂料量太大或水太凉。这时，只要停喂两次，然后在饲料中添加粉状玉米、麸皮等，拉稀即可停止。

三看食相。固定饲喂时间，10 多天后犊牛就可形成条件反射，以后每天一到饲喂时间，犊牛就跑过来寻食，这说明喂料量正常；如果犊牛吃净食料后，在饲喂室门前徘徊，不肯离去，说明喂料量不足；如果喂料时，犊牛不愿到槽前，说明上次喂料过多，或牛可能患有疾病。

四看肚腹。喂食时，如果犊牛腹陷很明显，不肯到食槽前吃食，说明犊牛可能受凉感冒，或是患了伤食症；如果犊牛腹陷很明显，食欲反应也很强烈，但到食槽前只是闻闻，一会儿就走开，说明饲料变换太大不适口，料水湿度过高或过低；如果犊牛肚腹膨大，不吃食，说明上次吃食过多，停喂一次即可好转。

第三节　生长牛的饲养管理

生长牛是指从断奶到肥育前的牛，一般饲喂到体重 250～300kg，然后进入肥育场肥育。生长牛对粗饲料的利用率较高，是保证骨骼发育正常。生长牛的饲养一般是犊牛断奶后以粗饲料为主，达到一定体重后进行肥育。生长牛饲养要以降低成本为主要目标，因为生长牛增重越慢，肥育时增重越快，这叫补偿生长。所以，生长牛饲养不要以生长速度高为目标，日增重维持在 0.4～0.6kg 即可。

一、喂养生长牛应注意的问题

（一）能量和蛋白质

根据生长牛的营养需要特点，可以用中等质量的粗饲料或青贮料满足其能量需要量。生长牛的蛋白质需要量应该用精料补充料或优质豆科牧草来满足。例如，1头体重225kg的生长牛，可以用0.45kg含41%粗蛋白质的补充料或1.5kg苜蓿满足其一半的蛋白质需要量，另一半则由粗饲料提供。若按全价料计算，当生长牛的日增重在0.7kg以下时，日粮蛋白质含量为10.5%；当日增重在0.7kg以上时，日粮蛋白质含量为11%。

（二）矿物质和维生素

矿物质和维生素对生长牛的发育很重要，对以喂粗饲料为主的生长牛，应注意钙、磷平衡。体重225kg以下的生长牛，日粮钙含量为0.3%~0.5%，磷含量为0.2%~0.4%；体重225kg以上的生长牛，日粮钙含量为0.25%，磷含量为0.15%。秋季断奶犊牛的维生素A贮存量很少，因此断奶后应给每头牛瘤胃内或肌内注射50万~100万IU维生素A。

二、生长牛饲料配方

生长牛的日增重不应低于0.45kg，否则会形成"僵牛"，使牛骨骼的生长发育停滞。如果只喂粗饲料或青贮料时生长牛的日增重低于0.45kg，表明粗饲料或青贮料的质量太低，应该补充精饲料。日粮中精粗饲料的比例一般应根据粗饲料的质量、种类进行调整。以青干草为主时，要求精粗饲料干物质的比例为40：60；以青草为主时，比例可降到45：55，或各50%。

其参考配方：玉米54.5%，麸皮35%，胡麻饼5%，糖蜜3%，磷酸氢钙1%，多种维生素1%，食盐0.5%。

第八章
肉牛肥育技术

第一节　肉牛肥育的影响因素

一、品种

生长速度和饲料利用率的杂种优势为 4%～10%，因此，杂种架子牛的肥育效果最好。

二、年龄

不同年龄的牛所处的发育阶段不同，体组织的生长强度不同，因而在肥育期所需要的营养水平也不同。幼龄牛的增重以肌肉、内脏、骨骼为主，成年牛的增重除增重肌肉外主要为沉积脂肪。因此，肥育技术也有很大的区别。年龄对肥育的影响见表 8－1。

表 8－1　年龄对肥育的影响

年龄	平均日增重（kg）	平均肥育天数（天）	平均总增重（kg）
犊牛	1.09	230	250
1 岁牛	1.27	140	181.81
2 岁牛	1.32	110	145.45

三、体重和体况

体况包括体型结构、形体发育程度和前期生长发育水平。牛的体型首先受躯干和骨骼大小的影响。肉牛肩峰平整且向后延伸，直到腰与后躯都能保持宽度，是高产优质肉的标志。犊牛生长后期如果在后肋，阴囊等处会沉积脂肪，这就表明它不可能长成大型肉牛。大骨架的牛比较有利于肌肉着生，若体躯很丰满而肌肉发育不明显，则是牛早熟种的特点。

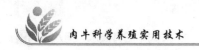

四、环境温度

环境温度对肉牛肥育影响较大，以7℃为界，温度低于7℃时，牛体产热量增加，牛的采食量也增加。低温增加了牛体热的散失量，从而使维持需要的营养消耗增加，饲料利用率就会降低。而当环境温度高于27℃，就会严重影响牛的消化活动，使食欲下降，采食量减少，消化率降低，随之而来的是增重下降。

在不同的肥育阶段，肉牛对饲料品质有不同的要求。幼龄牛需要较高的蛋白质饲料，成年牛和肥育后期需要较高的能量饲料。不同地域所能提供的饲料类型和加工条件不同，也需要调整肥育日程。饲料转化为肌肉的效率要远远高于饲料转化为脂肪的效率。

五、性别

公牛的生长速度和饲料利用率高于阉牛，阉牛高于母牛（表8-2）。

表8-2　性别对肉牛增重的影响

性别	平均日增重（kg）	饲料：增重（kg）	最高日增重（kg）	饲料：增重（kg）
母牛	1.09	7.5	1.23	6.9
阉牛	1.27	6.9	1.46	6.6
公牛	1.35	6.7	1.55	6.4

公牛的生长速度和饲料利用率比母牛或阉牛高10%~15%。饲喂公牛应注意：公牛肥育可以从断奶后立即开始，直线肥育到500kg。公牛生长速度快，应该用高能量日粮。公牛最好在16月龄前肥育完毕。公牛肥育最好成批进行，肥育过程中不要向同一牛舍增加新牛，否则易引起角斗和爬跨，降低生长速度。

第二节　架子牛的快速肥育

架子牛快速育肥是肉牛生产的重要阶段，随着我国畜牧业产业结构的调整及国内外肉类市场需求的变化，肉牛生产将出现蓬勃发展的趋势。目前，我国架子牛育肥生产，各地技术差别较大，产品质量参差不齐，经济效益高低不一，在国际市场缺乏竞争能力。为提高我国架子牛快速育肥标准化，特制定本技术要点，与同仁共同商讨。

一、架子牛

架子牛是指体格已发育基本成熟，肌肉脂肪组织尚未充分发育的青年牛。其特点是骨骼和内脏基本发育成熟，肌肉组织和脂肪组织还有较大发展潜力。

二、架子牛快速育肥的条件

1. 品种

快速育肥的架子牛应选择优良的肉牛品种及其与本地黄牛的杂交后代，目前我国饲养的肉牛品种主要有夏洛来、西门塔尔、海福特、利木赞、皮埃蒙特、草原红牛等。

2. 年龄

选择15~18月龄的架子牛。其年龄可根据牙齿的脱换情况进行判断，可选择尚未脱换或第一对门齿正在更换的牛，其年龄一般在1.5岁左右。

3. 性别

没有去势的公牛最好，其次为去势的公牛，不宜选择母牛。

4. 体重

体重越大年龄越小说明牛早期的生长速度快，育肥潜力大。育肥结束要达到出栏时的体重要求，一般要选择1.5岁时体重达到350kg以上的架子牛。体重的测量方法可用地磅实测，也可用体尺估测。体尺估测的公式为：经育肥后的肉牛体重（kg）=胸围^2（cm）×体斜长（cm）×87.5；未经育肥的纯种肉牛和三代以上改良种肉牛体重（kg）=胸围^2（cm）×体斜长（cm）÷10 800；三代以下的杂交改良肉牛体重（kg）=胸围^2（cm）×体斜长（cm）÷11 420。

5. 精神

选择精神饱满，体质健壮，鼻镜湿润，反刍正常，双目圆大，明亮有神，双耳竖立，活动灵敏，被毛光亮，皮肤弹性好，行动自如的架子牛。

6. 外貌

选择体格高大，前躯宽深，后躯宽长，嘴大口裂深，四肢粗壮，间距宽的牛；切忌头大、肚大、颈部细、体短、肢长、腹部小、身窄、体浅、屁股尖的架子牛。可归纳为：一长（躯干长）二方（口方、尻方）三宽（额宽、胸宽、后躯宽）四紧（四蹄叉紧）五短（颈短、四肢短）。

三、育肥前的预处理措施

1. 分群

根据架子牛的体重、年龄、性别将其相近的牛进行分重组。

2. 驱虫健胃

对购进的牛每 100kg 体重口服虫克星胶囊 4 粒，或按 100kg 体重皮下注射虫克星 2ml，可驱除体内外绝大多数寄生虫。然后用苍术 50g，甘草 50g，焦三仙 200g，三样药物混合水煎服，每日 1 剂，连服 3 天，进行健胃。

另外，刚入舍的牛由于环境变化等原因，易产生应激反应，可在饮水中加 0.5% 的食盐和 1% 的红糖，连饮 1 星期，多投喂优质青草或青干草，2 天后喂少量麸皮，逐渐过渡到饲喂催肥料。在催肥过程中，要注意观察牛群的采食、排泄及精神状况，小病及时治疗，大病即行急宰。

如果是口齿大的牛，可用黄荆子（炒黄 100～150g）研成细末，掺入饲料中喂服，予以壮膘，2 天一次，15 天有效。如果食欲不好，可用小麦或玉米 2.5kg 发芽后磨成粉，每天 0.25kg，连喂 10 天，即可提高食欲。

3. 消毒

圈舍在进牛前用 20% 生石灰或来苏儿消毒，门口设消毒池，以防病菌带入，牛体消毒用 0.3% 的过氧乙酸消毒液逐头进行一次喷体，3 天以内用 0.25% 的螨净乳化剂对牛进行一次普擦。

4. 换肚

在育肥前，要进行饲料的过度饲养，以建立适应育肥饲料的肠道微生物区系，减少消化道疾病，保证育肥顺利进行，生产中称这个过程为换肚和换胃，其方法是牛入舍前 2 天喂一些干草之类的粗料。前一周以干草为主，逐日加入一些麸皮，一周后开始加喂精料，10 天左右过渡为配合饲料。

四、架子牛快速育肥的饲养

（一）肉牛饲养方法

1. 长草短喂

俗话说："寸草铡三刀，无料也增膘。"把饲草铡短后喂牛，比整喂节省 20% 左右，尤其是整喂时采食较少或难以采食的粗硬茎秆，如果将其铡短饲喂，便能被充分利用，且消化率也有所提高，一般应把茎秆铡成 3～5cm。

2. 粗草细喂

用作饲草的作物秸秆，若能进行盐化、碱化、氨化处理，或粉碎后拌精料喂牛，能提高饲草的利用率，增加适口性，从而节省饲草。

3. 少喂勤添

一次喂给，牛易养成挑剔适口草料的毛病，使饲草造成浪费。少喂勤添，可节约饲草。

4. 槽内饲喂

要改变把饲草直接扔在牛栏里饲喂的不良习惯，将饲草放在槽内饲喂。这样饲草就不会被粪便污染，牛食后卫生，免生疾病，也可节省饲草。

5. 先粗后精

先喂粗饲料，牛会饥不择食，采食粗饲料较多。之后，再按其营养需要饲喂精料或优良牧草。这样，充分发挥了反刍动物对粗饲料的利用特点，节省了饲草。

6. 改造食槽

常因食槽过浅，使牛在吃草时把草料弄到外面，造成了不少浪费。在制作食槽时，只要做得深一些，即可避免，一般牛槽深度在40cm左右。

7. 剩草加工

以前，往往把牛吃剩下的粗硬茎秆当燃料烧掉。如果将其晾干后收集起来，用粉碎机粉碎成草粉，然后喂给，就能得到有效利用。

8. 节约垫草

要保持栏舍内卫生清洁，尽量用废弃的杂草作牛的垫草，以减少饲草浪费。

9. 看牛吃草

不少养牛户在喂牛时，只要把草料放到牛槽，就一走了之，这样，牛在吃草时把草料弄到槽外，落地草被牛踩后，就不能再喂用。因此，饲养人员应尽量看守着牛将草料吃完再离开，发现饲草落地，要及时收起给牛，这样可节约不少草料。

10. 买牛先看相

如到集市上买肉牛时，首先应选购嘴大、鼻孔大、眼有神、体形较长、腿粗、尾巴有力的牛，这样的牛吃得好，健康无病。另外，还要结合毛皮和臀部，要求皮肤有弹性，臀的毛皮多而软，一抓一大把，这样的牛长肉多，育肥快，经济效益高。

11. "三定三看"饲养法

一定专人饲养。以便掌握牛吃料的情况，观察有无异常现象发生，有利于及早采取措施。

二定饲喂时间。一般是5：00时、10：00时、5：00时可分3次上槽。夜间最好能补喂1次。每次上槽前先喂少量干草，然后再拌料，2小时后再饮水，夏季可稍加盐，以防脱水。

三定喂料数量。喂料不能忽多忽少。

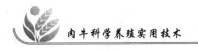
三看是看吃食状况；看粪便，掌握消化是否良好；看反刍。

12. 抓好三项管理措施

一是夏季喂完牛后，要把牛拴在通风的树荫下或背阴、凉棚下，以防中暑；冬季要拴在背风向阳处，牛舍要采取保暖措施。

二是要经常刷拭牛体，能促进血液循环，多增膘。

三是拴牛绳要短，减少牛的运动量，最好一牛拴一桩，以利增重育肥。

13. 粗粮细喂

盛产玉米的地区，牛的主要饲草可以是玉米秸。非玉米产区，因地制宜。铡草是要求寸草铡三刀，铡得越短越好，草细牛爱吃，易消化、省饲料。精料喂的数量和品种比率要因时适当掌握。新购的架子牛，一般都是长时间少喂或不喂精料，如果精料突然饲喂得过多，牛容易得消化不良，长膘慢。因此，刚买来的牛日食量一般在 1.5~2kg 精料为宜。各种料的比例是玉米 30%，麦麸 60%，胡麻饼 10%，食盐少许，用水化开后拌在料里。10 天后再逐渐加精料，出栏前半个月，精料量加到每头牛 5~7kg。冬春两季料的比率可适当调剂。

（二）日粮配合原则

计算配合日粮时，第一要满足架子牛的营养需要，按饲养标准供给营养。在具体生产中，根据牛的个体情况，环境条件和具体运用效果适当调整。第二要保证饲料的品质和适口性，使架子牛既能尽量多采食饲料，又能保证良好的消化，第三要保证饲料组成多样化。在配合饲料时尽量选用多种原料，以达到养分互补，提高饲料利用率。第四要注意充分利用当地资源丰富的饲料，以保证日粮供给长期稳定和成本价格低廉。第五为了满足架子牛的补偿生长需求，可适当提高营养标准，一般可提高标准 10%~20%。

（三）营养供给

架子牛育肥过程，营养的供给要保证不断增长的态势，并在出栏前达到最高水平。营养供给持续增长可通过不断增加精料喂量，调整精粗比例来实现，一般在预饲阶段以精料为主，适当添加麸皮，育肥的第一个月精粗比例为 50%，且喂精料 3~5kg，育肥的第二个月精粗比例为 70%，日喂精料 6kg 左右，育肥的第三个月精粗比例为 80%~85%，日喂精料 7~8kg。

（四）饲喂次数

架子牛育肥期间可采用每天饲喂 2~3 次的方法，每次饲喂的时间间隔要均等，以保证牛只有充分的反刍时间。

（五）饮水

架子牛育肥期间每天应饮水 3 次，日喂两次时，在每次喂完后，各饮水 1

次，中午加饮 1 次。每天饲喂 3 次者，均在每次饲喂后让牛饮水，饮水要干净卫生，冬季以温水为好。

（六）饲喂顺序

架子牛育肥过程中饲料饲喂顺序为先喂草，后喂料，最后饮水。

（七）饲料调制

饲草要铡短铡细，剔出杂物，洗净泡软或糖化后喂给，精料拌湿喂牛。

（八）夏季饲喂

架子牛最适宜的环境温度是 8～20℃。夏季气温升高，牛食欲下降，增重减慢，饲喂时要采取各种措施保证牛采食营养不减少。一般方法有适当提高日粮营养浓度，采用水样或粥样料饲喂，延长饲喂时间，增加饲喂次数，夜间加喂等，当气温超过 30℃还要采取措施，降低环境温度。

（九）冬季饲喂

冬季天气寒冷，牛的消耗增加，影响生长，饲喂时要注意增加热能饲料比例，同时给饲料加温，采用热料饲喂。

（十）日粮配方

2011 年在自治区科学技术厅和原州区科学技术局的大力支持下，进行了优质肉牛日粮配比的科学试验，该试验课题本着充分利用当地盛产紫花苜蓿、农作物秸秆与籽实及其下脚料，在不添加其他辅料的前提下，通过科学配制日粮饲喂试验组牛，与养殖户购买浓缩料，再进行日粮配合饲喂对照组，两组牛均为西门塔尔杂种公牛，年龄 8～12 月龄，体重为（300±10）kg，在统一的饲养管理条件下，进行了育肥屠宰对比试验。试验组牛个体日增重达到 1 440g，平均日增重 1 014g，其配方为：

玉米 65%、麸皮 20%、胡麻饼 7%、葵花饼 5%、维生素 1%、食盐 1%、碳酸氢钙 1%。

玉米 62%、麸皮 22%、胡麻饼 8%、葵花饼 5%、维生素 1%、食盐 1%、碳酸氢钙 1%。

玉米 58%、麸皮 25%、胡麻饼 9%、葵花饼 5%、维生素 1%、食盐 1%、碳酸氢钙 1%。

玉米 56%、麸皮 26%、胡麻饼 10%、葵花饼 5%、维生素 1%、食盐 1%、碳酸氢钙 1%。

玉米 50%、麸皮 22%、油饼 24%、磷酸氢钙 2%、多种维生素 1%、食盐 1%。

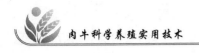

玉米 53% 、麸皮 28% 、油饼 15% 、磷酸氢钙 2% 、多种维生素 1% 、食盐 1% 。

（十一）饲喂中注意事项

不喂霉败变质饲料。

出栏前不宜更换饲料，以免影响增重。

日粮中加喂尿素时，一定要与精料拌匀且不宜喂后立即饮水，一般要间隔 1 小时饮水。

用酒糟喂牛时，不可温度太低，且要运回后立即饲喂，不宜搁置太久。

用氨化秸秆喂牛时要先放氨，以免影响牛的食欲和消化，可采用早取晚喂，晚取早喂的方法。

五、架子牛快速育肥的管理

1. 档案记录

进场的架子牛要造册登记建立技术档案，对牛场、日期、品种、年龄、体重、进价等编号，进行详细登记。在育肥过程要记录增重、用料、用药及各种重要技术数据。

2. 卫生防疫

进牛前对牛舍进行一次全面消毒，一般可用 20% 石灰乳剂、2% 漂白粉澄清液喷洒。农村土房旧舍，可用石灰乳剂将墙地涂抹一遍，地面垫上新土，再用石灰乳剂消毒一次。进牛后对牛舍每天打扫一次，保证槽净舍净。同时经常观察牛的动态、精神、采食、饮水、反刍，发现问题及时处理。育肥前根据本地疫病流行情况注射一次疫苗。

3. 牛舍牛床

架子牛的牛舍要求不严，半开放式，敞棚式均可，只要能保证冬季不低于 5℃，夏季不高于 30℃，通风良好就是适宜的牛舍。牛床一般长 160cm，宽 110cm，有条件的可用水泥抹平，坡度保持 1%~2%，以便于保持牛床清洁。

4. 运动

运动场要设在背风向阳处，运动场内每头牛建造一个牛桩，育肥期间将牛头用僵绳固定于距桩 35cm 左右处，限制牛运动。

5. 日光浴

日光照射架子牛，可以提高牛的新陈代谢水平，促进生长。每天饲喂后，天气好时要让牛沐浴阳光，一般冬季 9：00 以后，16：00 以前；夏季 11：00 以前，17：00 以后都要让架子牛晒太阳。

6. 刷拭

刷拭可以促进体表血液循环和保持体表清洁，有利于新陈代谢，促进增重。每天在牛晒太阳前，都要对牛从前到后，按毛丛着生方向刷拭一遍。

7. 称重

每月月底定时称重，以便根据增重情况，采取饲养措施或者出栏。

六、架子牛育肥后的适时出栏

1. 适时出栏

架子牛适时出栏的标准是当其补偿生长结束后立即出栏。架子牛快速育肥是利用架子牛的补偿生长原理即在其生长发育的某一阶段，由于饲养管理水平降低或疾病等原因引起生长速度加快，体重仍能恢复到没有受影响时的标准进行肉牛生产。当牛的补偿结束以后继续饲养，其生长速度减慢，食欲降低，高精料的日粮还会造成牛消化紊乱，引起发病，因此补偿生长结束后要立即出栏。

2. 出栏膘情

牛的膘情是决定出栏与否的重要因素，架子牛经育肥后体型变得宽阔饱满，膘情肉厚，整个躯干呈圆筒状，头颈四肢厚实背腰肩宽丰满，尻部圆大厚实，股部肥厚，用手触摸牛的耆甲、背腰、臀部、尾根、肩胛、肩端、腹部等部位感到肌肉丰满，皮下软绵；用手触摸耳根，前后肋和阴囊周围感到有大量脂肪沉积，说明膘情良好。可以出栏。

3. 出栏食欲

食欲是反映补偿生长完成与否的主要因素。架子牛通过胃肠调理以后，食欲很好，采食量不断增加。当补偿生长结束后，牛的采食量开始下降，食欲逐渐降低，采食量减少，经过一些促进食欲的措施之后，牛的食欲仍不能恢复，说明补偿生长结束，要及时出栏。

4. 出栏体重

经过 2~3 个月育肥后，架子牛达到 550kg 以上，增重达 150kg 以上，平均日增重达 1~1.5kg 时，继续饲养增重速度减慢，应适时出栏。

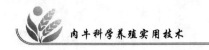

第九章
舍饲牛舍的建设

第一节　场址选择

一、选址

牛舍应建在地势干燥、背风向阳、地面平坦、排水良好、水源充足、无遮阴物，未被污染和没有发生过任何传染病的地方，并考虑饲草料运送、饲养管理和供电的方便。应当距离大型化工厂、采矿场、皮革厂、肉品加工厂、屠宰厂或畜牧场等污染源 1 000m 以上，距离居民区和公共场所 500m 以上，距离交通干线 200m 以上，远离高压电线。

二、朝向

单列式牛舍应坐北朝南或朝东南15°角以内，双列式牛舍应南北走向，切忌东西走向。同时要避开牛舍前高大树木及高大建筑物。

第二节　牛舍类型

按四周墙壁的封闭程度分为封闭式、半封闭式、开放式和棚舍式。按牛舍内牛床的列数分为单列式、双列式。单列式宽度为 6.5 ~ 7.0m，双列式宽度为 10.5 ~ 11.0m，采用对头式饲养。沿圈舍走向设通排饲槽，将牛舍与人行道隔开，在一山墙上留两道门，一道门对着牛舍，供牛出入和便于清粪，一道门对着人行道，供人员出入。肉牛养殖一般采用半封闭双列式和半封闭的暖棚式牛舍，牛舍建筑图样见图 9 - 1。建筑面积根据饲养规模来确定。

第三节　牛舍的建筑要求

一、建筑结构

肉牛舍应根据具体条件尽可能采用就地取材建造，一般采用砖混结构或土木结构。要做到冬能保暖，夏能防暑，坚固耐用，且能保持卫生，便于管理。

二、棚圈面积

每头成年牛占建筑面积 3～4m²，棚圈南侧设运动场，运动场面积以棚舍建筑面积的 2～3 倍为宜。草料堆放可采用草垛或草料库，布置在距棚圈 20m 以上的侧风向处（图 9－1、图 9－2）。

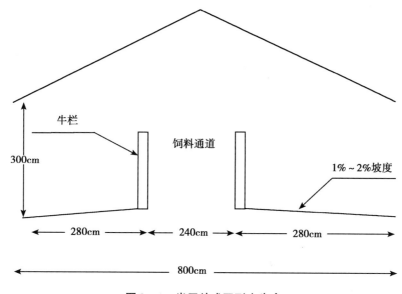

图 9－1　半开放式双列肉牛舍

三、内部设施

1. 棚顶

要选用隔热、保温性能好的材料，可采用单列式或双列式。

2. 墙壁

后墙高一般为 2.2～2.5m，前墙高 1.2～1.5m。

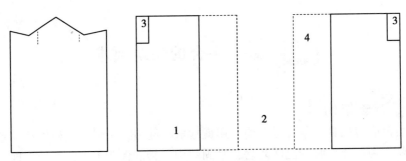

1. 小围栏　2. 中央走道　3. 水槽　4. 屋顶

图 9 - 2　小围栏棚舍式自由采食牛舍

3. 牛床

一般牛床设计是使牛前躯靠近料槽后壁，后肢接近牛床边缘，粪便能直接落入粪沟内即可。成年母牛床长为 1.8～2.0m，肥育牛床长为 1.9～2.1m，6 月龄以上育成牛床长为 1.7～1.8m，宽度均为 1.1～1.2m，牛床应高出地面 5cm，坡度为 15°角，前高后低，以利于冲刷和保持干燥。牛床采用立砖地、水泥粗糙面。

4. 饲槽

饲槽建成固定式的、活动式的均可。水泥槽、铁槽、木槽均可作牛的饲槽。一般为通槽，上口宽 0.5～0.6m，低宽 0.3～0.4m，呈弧形；槽内缘高 0.4m，外缘高 0.6m。对小犊牛各尺寸可适当减少。在饲槽上架设栏杆，用于栏牛。

5. 粪尿沟

牛床与通道间设有排粪尿沟及污水沟，沟宽 0.3～0.4m，深 0.1～0.15m，沟底呈一定坡度，以便污水流淌。

6. 清粪通道

清粪通道也是牛进出的通道，多修成水泥路面，路面应有一定坡度，并刻上线条防滑。清粪道宽 1.5～2.0m。牛栏两端也留有清粪通道，宽为 1.5～2.0m。

7. 饲料通道

在饲槽前设置饲料通道，通道高出地面 10cm 为宜。饲料通道一般宽 1.2～1.5m。

8. 牛舍的门

进料门宽 1m，高 2m；进牛门宽 1.5～2m，高 1.8m。

四、运动场

饲养母牛、犊牛的舍，应设运动场。运动场设在牛舍前的空余地带，四周用栅栏或砌墙围起，将牛栓系或散放其内。每头牛设计面积为：成年牛 15～20m²、育成牛 10～15 m²、犊牛 5～10 m²。运动场的地面以三合土为宜。在运动场内设置补饲槽和水槽，补饲槽和水槽应设置在运动场一侧。地面以土质为宜，并向四周有一定坡度。

五、粪污处理场

在距棚圈50m以上的下风向设堆粪场，对粪便集中处理，经自然堆沤腐熟后作为肥料使用。也可在畜舍下建立沼气池，将粪便经沼气池发酵后，作为有机肥料还田。

第四节　技术要求

一、通风采光

为满足采光、冬季保温排湿、夏季降温及排除舍内污浊空气的需要，应加强通风换气，棚圈不宜封闭，宜在北墙开设窗户，棚顶设百叶窗排气孔。棚舍阳光入射角（即棚膜最上端与暖棚后墙地端的连线和畜床平面的夹角）为40°～45°角。舍内相对湿度不宜超过75%。

二、水质水源

要有稳定的水源，水质良好，冬季水槽中的水温应保持在0℃以上，不结冰。

三、牛舍间距

规模较大、需要建设 2 栋以上棚圈时，栋与栋之间应保持 3～5 倍檐高的间距。

四、卫生防疫

应严格按照兽医卫生防疫要求进行：注意净污分道，防止交叉；不从疫区购买肉牛；对病牛及购入牛，在远离棚圈20m以上的下风向处利用活动围栏进行隔离观察；做好牛群、人员、圈舍、设备、运输车辆等的清洗消毒，入口处设消毒槽；在饲养区四周设置防疫沟或隔离带。

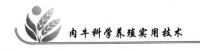
第五节　塑料膜暖棚建设技术

一、塑膜暖棚牛舍建设

塑膜暖棚牛舍属于半开放牛舍的一种，与一般半开放舍比，保温效果较好。塑膜暖棚牛舍三面全墙，向阳一面有半截墙，有 1/2 ~ 2/3 的顶棚。向阳的一面在温暖季节露天开放，冬季在露天一面用竹竿和钢筋等材料做支架。上覆盖塑膜，有条件的情况下，可覆盖双层塑膜，两层膜间留有空隙，使牛舍呈封闭的状态，借助太阳能和牛体本身散发的热量，使牛舍温度升高，防止热量散失。

二、塑膜暖棚牛舍建设技术要点

1. 选择合适的朝向

塑膜暖棚牛舍需坐北朝南，其次为坐西朝东或坐东朝西，牛舍边至少10m应无高大建筑物及树木遮蔽。

2. 选择合适的塑膜

应选择对太阳光透过率高，而对地面长波辐射透过率低的聚氯乙烯等塑膜，其厚度以 0.08 ~ 0.1mm 为宜。

3. 合理设置的通风换气口

棚舍的进气口应设在南墙，其距地面高度以略高于牛体为宜，排气口应设在棚舍顶部的背风面，上设防风帽，排气口的面积为 20cm × 20cm 为宜，进气口的面积是排气口面积的一半，每隔3m设置一个排气口。

4. 有适宜的棚舍入射角

棚舍的入射角应大于或等于当地冬至时太阳高度角。

5. 注意塑膜坡度的设置

塑膜与地面的夹角应在 55° ~ 65°角为宜。

6. 消毒

使用前，应进行彻底消毒。

7. 冬季降低舍内湿度，防止结霜

及时清理膜上积雪、积霜和棚内粪便污水，及时粘补破损塑棚，保持圈舍清洁卫生。

8. 合理掌握通风换气

换气时间掌握在外界气温回升时进行。保持圈舍空气无污染，以不刺激为宜，舍内相对温度不能超过 75%。

三、内部设施

1. 棚顶

要选用隔热保持性能好的材料，顶棚占棚顶的 1/2～2/3。

2. 墙壁

后墙高一般 2m，前墙高 1.1m。

3. 暖棚面积

暖棚长 10m，宽 7m。饲料通道宽 2.5m，牛床宽 4m，牛床应高出地面 5cm，坡度为 15°角，前高后低，以利于冲刷和保持干燥。

4. 饲槽

饲槽建成固定式的、活动式的均可。水泥槽、铁槽、木槽均可作牛的饲槽。一般为通槽，上口宽 0.5～0.6m，底宽 0.3～0.4m，呈弧形；槽内缘高 0.4m，外缘高 0.6m。对小犊牛各尺寸可适当减少。在饲槽上架设栏杆，用于栏牛。

5. 粪尿沟

牛床与通道间设有排粪尿沟及污水沟，沟宽 0.3～0.4m，深 0.1～0.15m，沟底呈一定坡度，以便污水流淌。

6. 饲料通道

在饲槽前设置饲料通道。通道高出地面 10cm 为宜。饲料通道一般宽 2.5m。

7. 牛舍的门

进料门宽 1m，高 2m；进牛门宽 2m，高 1.8m（图 9－3、图 9－4）。

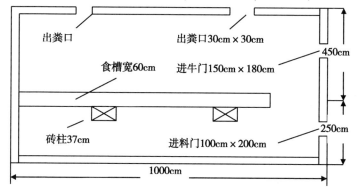

图 9－3　平面图

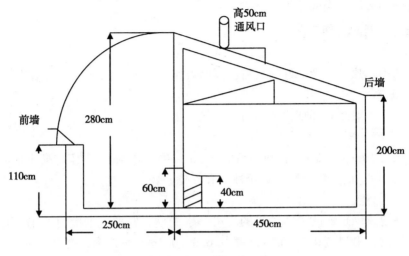

图9－4　标准暖棚牛舍示意图

第六节　牛舍环境控制

通过不同类型的牛舍以克服自然界气候因素的影响，建立有利肉牛健康生长的环境条件的措施，叫牛舍环境的控制。控制牛舍的环境措施主要包括：牛舍的隔热、通风换气、采光照明、排水以及供热与降温等。

牛舍环境的控制在不同地区，因气候不同，所以特点不同，要求也不同，故应因地制宜。

本节着重阐述通风换气和采光照明对牛舍环境控制的重要意义与基本要求。

一、牛舍的通风换气

牛舍的通风换气是牛舍环境控制的一个重要手段。其目的有两个：一是在气温高的情况下，通过加大气流使动物体感到舒适，以缓和高温对肉牛的不良影响；二是在牛舍密闭的情况下，引进舍外的新鲜空气，排出舍内的污浊空气，以改善牛舍空气环境。可见，通风与换气在含义上应有所区别，前者叫通风，后者叫换气。

冬季通风换气的原则是：排除过多的水汽，使舍内空气的相对湿度保持适宜状态。维持适中的气温，不致发生剧烈变化。气流稳定，不会形成贼风，同时要求整个舍内气流均匀、无死角。清除空气中的微生物、灰尘以及舍内产生的氨、硫化氢、二氧化碳等有害气体和恶臭。防止水汽在墙、天棚等表面凝结。

牛舍冬季通风换气效果主要受舍内温度的制约。由于空气具有含水分的能力，就使得通风换气排出的水汽成为可能。但是，空气的含水能力随空气温度下降而降低。就是说，升高舍内气流有利于通过加大通风量以排出肉牛产生的水汽，也有利于潮湿物体和垫草中的水分进入空气中，而被驱散；反之，如果引入的舍外空气温度显著低于舍内气流，换气时必然导致舍温剧烈下降，而使空气的相对湿度增加，甚至出现水汽在墙壁、天棚、排气管内壁等处凝结。在这种情况下，如无补充热源，就无法组织有效的通风换气。

因此，在寒冷的季节牛舍通风换气的效果，既取决于牛舍的保温性能，也取决于舍内的防潮措施和卫生状况。

舍内通风既可用自然通风方式，也可用机械通风方式。

（一）牛舍通风换气量的确定

由于通风换气是牛舍环境控制的重要手段之一，所以，只有当通风换气适宜时，才有可能保持适宜的温湿环境和良好的空气卫生状况。因此，确定合理的通风换气量是组织牛舍通风换气的最基本的依据。

通风换气系统的主要任务在于排除舍内产生的过多的水汽和热能，其次是驱走舍内产生的有害气体与臭味。所以，通风换气量的确定，主要根据牛舍内产生的二氧化碳、水汽和热能计算而得。

1. 根据二氧化碳计算通风量

二氧化碳做为肉牛营养物质代谢的尾产物，即废弃物，代表空气的污浊程度。各种类型的肉牛二氧化碳呼出量可查表求得。

用二氧化碳计算通风量的原理在于：根据舍内肉牛产生的二氧化碳总量，求出每小时需由舍外导入多少新鲜空气，可将舍内聚积的二氧化碳冲淡至肉牛环境卫生学规定的范围。其公式为：

$$L = 1.2 \times mK/C_1 - C_2$$

式中：L 为该牛舍所需的通风换气量（m^3/时）；K 为每头牛的二氧化碳产量（升/头、时）；1.2 为附加系数，考虑舍内微生物活动产生的及其他来源的二氧化碳。m 为舍内肉牛的头数；C_1 为舍内空气中二氧化碳允许含量（$1.5L/m^3$）；C_2 为舍外大气中二氧化碳含量（$0.3L/m^3$）。

通常，根据二氧化碳算得的通风量，往往不足以排出舍内产生的水汽，故只适用于温暖、干燥地区。在潮湿地区，尤其是寒冷地区应根据水汽和热量来计算

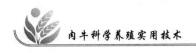

通风量。

2. 根据水汽计算通风排气量

肉牛在舍内不断地产生大量的水汽，并且从潮湿物体也有水分蒸发。所以，这些水汽如不排出就会聚积下来，导致舍内潮湿，故需借通风换气系统不断将水汽排出。用水汽计算通风换气的依据，就是通过由舍外导入比较干燥的新鲜空气，以置换舍内的潮湿空气，根据舍内外空气中所含水分差异而求得排出舍内所产生的水汽所需要的通风换气量，其公式为：

$$L = Q/g_1 - g_2$$

式中：L 为排除舍内产生的水汽，每小时需由舍外导入新鲜空气量（m³/时）；Q 为肉牛在舍内产生的水汽量及由潮湿物体蒸发的水汽量（g/时）；g_1 为舍内空气湿度保持适宜范围时，所含的水汽量（g/m³）；g_2 为舍外大气中所含水汽量（g/m³）。

3. 根据热量计算通风换气量

肉牛在呼出二氧化碳、排出水汽的同时，还在不断地向外放散热能。因此，在夏季为了防止舍温过高，必须通过通风将过多的热量驱散；而在冬季如何有效的利用这些热能湿能空气，以保证不断地将舍内产生的水汽、有害气体、灰尘等排出，这就是根据热量计算通风量的理论依据。

根据热量计算牛舍通风换气量的方法也叫热平衡法，意即牛舍通风换气必须在适宜的舍温环境中进行。其公式是：

$$Q = \Delta t \ (L \times 0.24 + \sum KF) \ + W$$

式中：Q 为肉牛产生的可感热（kJ/小时）；Δt 为舍内外空气温差（度）；L 为通风换气量（m³/h）；0.24 为空气的热容量［kJ/（m³·1℃）］；$\sum KF$ 为通过外围护结构散失的总热量［kJ/（cm³·1℃）］；K 为外围护结构的总导热系数［kJ/（m·h·1℃）］；F 为外围护结构的面积（m）；$\sum$ 为各外围护结构失热量相加符号；W 为由地面及其他潮湿物体表面蒸发水分所消耗的热能，按肉牛总产热的10%计算。

此公式加以变化可求通风换气量，即：W

$$L = Q - \sum KF \times \Delta t - W/0.24 \times \Delta t$$

由上式看出：根据热量计算通风换气量，实际是根据舍内的余热计算通风换气量，这个通风量只能用于排出多余的热能，不能保证在冬季排出多余的水汽和污浊空气。

但用热平衡计算的办法来衡量牛舍保温性能的好坏、所确定的通风换气量是否能得到保证，以及是否需要补充热源等，都具有重要意义。因此，用热量计算通风换气量是对其他确定通风换气量办法的补充和对所确定通风换气量能否得到保证的检验。

牛舍建筑时，良好的保温隔热设计是保证通风换气顺利进行的关键，也是建立理想的牛舍环境的可靠保证，在我国黄河以北地区，尤其是东北、内蒙古自治区北部更为重要。

4. 不同种类肉牛通风换气参数确定通风换气量（表 9-1）

表 9-1　不同类型肉牛换气量参数（m³/分）

肉牛种类	单位体重（kg）	冬季	夏季
肉用母牛	454	2.8	5.7
阉牛	454	2.1~2.3	14.2
乳用母牛	454	2.8	5.7

（二）牛舍的自然通风

牛舍的自然通风是指不需要机械设备，而借自然界风压和热压，产生空气流动、通过牛舍外围护结构的空隙所形成的空气交换而言。自然通风又分无管道通风系统和有管道自然通风系统两种形式。前者指不需专用通风管道，经开着的门窗所进行的通风换气，适用于温暖地区或寒冷地区的温暖季节。而在寒冷季节的封闭舍中，由于门窗紧闭，需靠专用的通风管道进行换气，在此重点介绍后者。

风管面积的确定。在确定牛舍通风换气量之后，可求得通风换气面积，即风管面积。其公式为：

$$A = L/V$$

式中：A 为通风管总断面积（m²）；L 为已确定的通风换气量，即需由舍内排出的污浊空气流（m³/s）；V 为空气在排气管中流速（m/s）。

在求得通风管面积后，根据所确定的每个排气管的断面积，可求得该舍需安装的排气管数。

理论上，排气管面积应与进气管面积相等。但事实上，通过门窗缝隙或建筑物结构不严密之处以及启闭门窗时，会有一部分空气进入舍内，故进气管的断面积应小于排气管的面积。一般按排气管总面积的 70% 计算。

但是，进气管面积的确定比较复杂，因受各种因素的影响，如风向所造成的影响，往往会使迎风一侧进气口的气流加大几倍。故应进行全面技术设计。

每个排气管的断面积一般为 50cm×50cm 或 70cm×70cm；进气管的断面积

多采用 20cm×20cm 或 25cm×25cm。排气管的断面积多采用正方形的，进气管方形或矩形均可。进气管彼此之间的距离为 2~4m；排气管下端由天棚开始，上端升出屋脊 0.5~0.7m。两个排气管间的距离不小于 8m，不大于 12m。原则上以能设在舍内粪沟上方为好。管内设调节板，以控制风量。调节板设在屋脊下优于天棚处，可防止水汽在管壁凝结。

二、牛舍的采光

光照是牛舍小气候的重要因素之一，具有重要的生理学意义，对肉牛的健康和生产力都有很大的影响。光照充足与否，还直接影响着管理人员的工作条件和工作效率。

为使牛舍内得到适当的光照，牛舍必须采光。分自然光照和人工光照两种。前者是利用自然光线，后者是利用人工光源，开放式和半开放式牛舍，墙壁有很大的开露部分，主要借自然光照，必要时辅以人工光照。封闭式牛舍有两种：无窗牛舍完全用人工光照；有窗牛舍主要靠自然光照，在必要时辅以人工光照。

(一) 自然光照

自然光照就是让太阳的直射光或散射光通过牛舍的开露部分或窗户进入舍内。影响牛舍自然采光的因素很多，主要有以下几点。

1. 牛舍的方位

牛舍的方位，直接影响着牛舍自然采光及防寒防暑，故应周密考虑。确定牛舍方位应遵循下列几个基本原则。

一是在满足生产要求的前提下，做到节约用地，不占用基本农田。

二是在发展大型集约化养牛场时，应当全面考虑养牛场的污水的处理和利用。

三是因地制宜，合理利用地形地貌。比如，利用地形地势解决挡风防寒、通风防热、采光，有效地利用原有的设备，以创造最有利的牛场环境、卫生防疫条件和生产联系，并为实现生产过程机械化、提高劳动生产率、减少投资、降低成本创造条件。

2. 舍外情况

牛舍附近如果有高大的建筑物或大树，就会遮挡太阳的直射光和散射光，影响舍内的温度。因此要求其他建筑物与牛舍的距离，应不小于建筑物本身高度的二倍。为了防暑而在牛舍旁边植树时，应选用主干高大的落叶乔木，而且要妥善确定位置，尽量减少遮光。舍外地面反射阳光的能力，对舍内的照度也有影响。

据测量，裸露土壤对太阳的反射率为 10% ～ 30%，草地为 25%，新雪为 70% ～ 90%。

3. 窗户面积

窗户面积愈大，进入舍内的光线就愈多。窗户面积的大小，用采光系数来表示。所谓"采光系数"，就是窗户的有效采光面积同舍内地面面积之比（以窗户的有效采光面积为 1）。牛舍的采光系数，因生产类型而不同，乳牛舍应为 1：12，肉牛舍为 1：16，犊牛舍 1：（10 ～ 14）。

缩小窗间壁的宽度（即缩小窗户与窗户之间的距离），不仅可以增大窗户的面积，而且可使舍内的光照比较均匀。将窗户两侧的墙棱修成斜角，使窗洞呈喇叭形，能显著扩大采光面积。

4. 入射角

入射角是牛舍地面中央的一点到窗户上缘（或屋檐）所引的直线与地面水平线之间的夹角。入射角愈大，愈有利于采光。为了保证舍内得到适宜的光照，入射角一般应小于 25°。

从防暑和防寒的方面考虑，我国大多数地区夏季都不应有直射的阳光进入舍内，冬季则希望能照射到牛床上。这些要求，通过合理设计窗户上缘和屋檐的高度可以达到。当窗户上端外侧（或屋檐）与窗台内侧所引的直线同地面水平线之间的夹角小于当地夏至的太阳高度角时，就可防止夏季的直射阳光进入舍内；当牛床后缘与窗子上缘（或屋檐）所引的直线同地面水平线之间的夹角等于当地冬至的太阳高度角时，就可使太阳光在冬至前后直射在牛床上（图 9 - 5）。太阳的高度角，可以用公式求得。

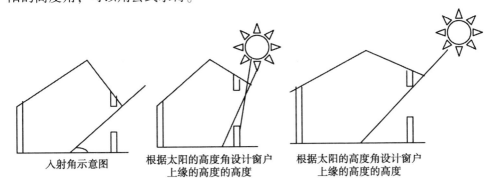

入射角示意图　　根据太阳的高度角设计窗户上缘的高度的高度　　根据太阳的高度角设计窗户上缘的高度的高度

图 9 - 5　牛舍方位和自然光照

$$h = 90° - s + \&$$

式中，h 为太阳高度角，s 为当地纬度，$\&$ 为赤纬。赤纬在夏至时为 $32°27'$，冬至时为 $23°27'$，春风和秋风时为 0。

三、人工光照

人工光照一般以电灯为光源，目前人工光照多用于家禽业，肉牛养殖业用的比较少，这里不再赘述。

第十章
牛常见病预防和治疗

第一节　牛病常规预防措施

牛病的预防是发展肉牛产业的基本保障，从业者除了在搞好饲养管理工作的前提下，还应搞好消毒、内驱、外驱、防疫、检疫和药物预防等工作。

牛病的预防，养殖者要做到"六净七看"，只有这样，才能做到预防与及时治疗，确保肉牛养殖业的持续、健康、有序发展。

一、六净

一是饲草净。给肉牛喂的饲草要干净，不喂霉烂变质的饲草，饲草中不掺杂塑料、鸡毛、铁钉等异物。

二是饲料净。不能将发霉变质的作物籽实及其下角料作为肉牛的饲料。

三是饲槽净。要将饲槽清扫干净，当日饲喂的饲草和饲料要清扫干净，不能留在槽中，供肉牛竖日再吃，饲草不清扫会在槽中发酵变质，招来蚊蝇，不利于肉牛身体健康。

四是饮水净。给牛饮的水要干净，饮用的水在阳光下照射下饮用为最好，不饮冰渣水和污水。

五是牛体净。养殖者每天都要给每头牛用铁刷或老扫帚刷试牛体1~2次，有利于促进血液循环，保持牛体干净，增进牛与人的和谐相处。

六是圈舍净。每天清晨都要对牛舍进行清粪，定期对牛舍进行消毒。

二、七看

一看鼻镜。观察每头鼻镜有无汗珠，是否干燥，甚至皱裂。

二看被毛。牛一般在春秋季换毛，冬毛到夏季仍不腿落，这多为慢性营养不良症。

三看皮温。病牛全身皮温不是冷厥就是高热。

四看口鼻。病牛口腔内有恶臭味,口角有线状黏液流出。

五看反刍。健康牛每次采食后 30m 开始反刍,病牛则反刍不正常或不反刍。

六看粪便。病牛粪便不是稀烂,就是坚硬,混有粘液,有特殊的腥臭味;尿呈黄色,尿少,尿血,甚至不排尿。

七看两耳、尾巴。病牛头低耳垂,耳不摇动,两耳根不是冷就是热,尾巴下垂不动。

第二节　消毒和免疫程序

一、消毒

(一) 消毒剂的选择

肉牛养殖中要选择对人、肉牛和环境比较安全、没有残留毒性,对设备没有腐蚀和在牛体内不应产生有害积累的消毒剂。推荐使用:石碳酸(酚)煤酚、双酚类、次氯酸盐、有机碘混合物、过氧乙酸、生石灰、氢氧化钠(火碱)高锰酸钾、硫酸铜、新洁而灭、松油、酒精和来苏儿等。

(二) 正确的消毒方法

对清洗完毕后的牛舍喷洒消毒、牛场道路及周围和进入场区的车辆可实施喷洒消毒。手臂、工作服、治疗设备、犊牛饲喂工具等可选用侵泡消毒。人员入口处常设紫外线灯照射消毒。对牛舍周围、入口、产床和牛床下面撒生石灰或火碱,实施喷洒消毒。对挤奶机器管道清洗消毒,可选择 35 ~ 46℃温水及 70 ~ 75℃的热碱水进行热水消毒。

(三) 严格执行消毒制度

1. 环境消毒

牛舍周围环境(包括运动场)每周用 2% 氢氧化钠溶液消毒或撒生石灰 1 次;场周围及场内污水池、排粪坑和下水道出口,每月用漂白粉消毒 1 次(每立方米污水加 6 ~ 10g 漂白粉)。在大门口和牛舍入口设消毒池,使用 2% ~ 4% 火碱(氢氧化钠),为保证药液的有效。应 15 天更换 1 次药液。

2. 人员消毒

工作人员按要求更衣、紫外线照射、走过洒有消毒液的通道进入生产区;工作服不应穿出场外。谢绝来自其他养殖场的人员进入生产区;符合要求的外来参观人员,进入场区参观应彻底消毒,更换场区工作服和工作鞋,并遵守场内防疫消毒。

3. 牛舍消毒

牛舍在每班牛直接下槽后应彻底清扫干净，每2周喷洒消毒1次。严格对产房、犊牛舍进行彻底清洗和消毒。

4. 用具消毒

每2周1次，选择0.1%新洁尔灭或0.2%~0.5%过氧乙酸溶液对饲喂用具、饲槽和饲料车等进行消毒；兽医用具、助产用具、配种用具等日常用具要求在使用前后都要进行彻底消毒和清洗。

5. 带牛消毒

每2周1次带牛环境消毒，传染病多发季节更要加强。常用消毒液可选择0.1%新洁尔灭、0.3%过氧乙酸、0.1%次氯酸钠，以减少传染病和肢蹄病等疾病的发生。

6. 牛体消毒

助产、配种、注射治疗及任何对肉牛进行接触操作前，应先将牛相关部位，如阴道口、后躯等进行消毒擦拭，保证牛体免受感染。

7. 粪尿污物处理

加强夏季对粪尿等污染物的存放和消毒处理，避免致病菌、蚊蝇的孳生。

二、免疫程序

加强肉牛养殖中各种传染病的免疫工作，能有效地坚持以"预防为主，防重于治"的兽医原则，确保肉牛健康，牛肉品质安全，生产高效。常见的免疫程序见表10-1。

表10-1 肉牛免疫程序

疫病名称	疫苗种类	接种方法
口蹄疫	牛O型口蹄疫灭活疫苗	1岁以下的犊牛肌肉注射2ml，成年牛3ml；犊牛4~5月龄首免，20~30天加强免疫1次，以后每6个月免疫1次
炭疽	Ⅱ号炭疽芽孢苗	颈部皮内注射0.2ml或皮下注射1ml，每年1次
牛流行热	牛流行热油佐剂灭活疫苗	颈部皮下注射4ml（犊牛减半）；每年在蚊蝇孳生前2周注射1次，间隔3周再注射1次
牛出血性败血症	牛出血性败血症氢氧化铝菌苗	100kg以下的牛皮下注射4ml；100kg以上的牛皮下注射6ml。每9个月注射1次
气肿疽	气肿疽明矾疫苗	颈部或肩胛后缘皮下注射5ml，每年1次。6月龄以前注射的到6月龄时再注射1次
布鲁氏菌病	布鲁氏菌羊型五号弱毒冻干苗	皮下或肌肉注射400亿个活菌/头，每年1次

第三节　内科病

一、口膜炎

本病是口腔黏膜表层或深层的急性炎症，大多是由于饲喂不当造成的。如牛吃了粗硬尖锐的饲料或饲料中混有木片、玻璃等杂物、有毒植物、霉变饲料所致。此外，也可继发于某些传染病。典型症状为流涎，口腔黏膜溃烂，但应重视和口蹄疫的鉴别。口蹄疫多发于冬、春季节，常于口腔内出现水疱。水疱溃烂后，表皮脱落，留下鲜红色烂斑。此外，在蹄补、乳头等处也可见水疱或烂斑。

治疗时应先去除病因，饲喂优质饲料，注意饲料的加工调制，忌喂发霉腐败饲料。而后用药物治疗，其方法是用2%硼酸溶液、0.3%高锰酸钾溶液或1%～2%明矾溶液冲洗口腔，然后涂布碘甘油或紫药水。全身体温升高的可注射抗生素治疗。

二、食道阻塞

食道阻塞是食团或异物突然阻塞于食管的一种疾病。主要是由于饥饿导致吃草太多太急，吞咽过猛，使食团或块根、块茎类饲料未经咀嚼而下咽引起。另外，食管麻痹、食管痉挛、食管狭窄等也可引起本病。

其症状为病牛突然停止采食，烦躁不安，口流大量泡沫，头颈伸直，有时空口咀嚼、咳嗽或伴有臌气。插入胃管时胃管受阻，可确定阻塞部位。如颈部食管阻塞，可在左侧食管沟处摸到硬块。本病应与瘤胃臌气鉴别诊断，特别是在非完全阻塞而胃管又能下送时要特别小心。

根据阻塞物的性质和部位的不同，可采取不同治疗的方法。挤压吐出法：适用于块状饲料所致的颈部食管阻塞。挤压之前先通过胃管送入2%的普鲁卡因10ml、液状石蜡50～100ml，然后用手向头部方向挤压阻塞物，使阻塞物上移经口吐出。直接取出法：适用于咽部食管阻塞。用开口器将口打开并且固定，一人用手挤压阻塞物使之上移，另一人伸手入咽，夹取阻塞物。推进法：阻塞物在胸部食管时，可通过胃管先灌入2%普鲁卡因溶液10ml、食用油50～100ml，然后用胃管缓慢推送阻塞物，将其顶入胃中。使用上述各法，应视瘤胃臌气程度，随时准备穿刺放气。

三、瘤胃积食

瘤胃积食是以瘤胃积滞过量的饲料，导致瘤胃容积扩大、胃壁扩张、运动功能障碍的疾病。主要是采食过多或采食了易于膨胀的干料或难以消化的饲料引起，如果食后立即大量饮水，更容易诱发本病。有的是由消化能力减弱，采食大量饲料而又饮水不足所致。

其症状为食欲、反刍减少或停止，鼻镜干燥，出现腹痛不安，摇尾弓背，粪便干黑难下。触诊瘤胃涨满、坚实，重压成坑，听诊瘤胃蠕动音减弱或消失。病程延长导致瘤胃上部积有少量气体，全身中毒加剧，呼吸困难，肌肉震颤，卧地不起。

治疗原则是增强瘤胃收缩力，排除瘤胃积食，防止胃内异常发酵及毒素被吸收而引起的中毒。具体方法为10%氯化钠注射液500ml与10%安纳咖溶液20ml混合，一次静脉注射；或硫酸镁500g、鱼石脂30g、液体石蜡1 000ml，加水一次灌服。当病牛脱水、中毒时，可用5%糖盐水1 500ml、5%碳酸氢钠注射液500ml、25%葡萄糖500ml、10%安纳咖注射液20ml混合一次静脉注射。

预防上重要的是严格饲喂制度，精饲料量不宜过大，更换饲料时应逐渐进行。

四、瘤胃臌气

本病为大量采食易发酵产气的饲料如苜蓿、甘薯秧等，饲喂大量未经浸泡的豆类饲料，饲喂发霉变质的饲料所致。

临床症状为采食后不久腹部急剧膨胀，呼吸困难，叩击瘤胃紧如鼓皮、声如鼓响，触诊有弹性，腹壁高度紧张。严重时可视黏膜发绀，四肢张开，甚至口内流涎。病至后期，患牛沉郁，不愿走动，有时突然倒地窒息，痉挛而死。继发性臌胀时好时坏，反复发作。当发作时，食欲减少或废绝，一旦臌气消失食欲又可自行恢复。

治疗原则：排气减压，缓泻制酵、解毒。具体方法为将开口器固定于口腔，胃管从口腔直插入胃，上下左右移动，用力推压左侧腹壁，气体即可经胃管排出。待腹围缩小后，可将药物经胃管灌入。或使用穿刺法，于左肷凹陷部剪毛，用5%碘酊消毒，将16号封闭针垂直刺入瘤胃，针深度以穿透胃壁能放出气体为限。放气时应使气体缓慢排出，最后用手指紧压腹壁，拔出针头，局部消毒。可以使用液状石蜡1 000ml、鱼石脂30g、蓖麻油40ml加水一次灌服；或食醋1～2L、植物油500～1 000ml，一次灌服；或生石灰300g，加水3～5L，融化取上清液灌服；或用碱面60～90g（用水化开），加植物油250～500ml灌服，对治疗泡沫性瘤胃臌气效果良好。

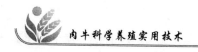

五、氢氰酸中毒

某些植物如高粱、玉米的幼苗或收割后再生的幼芽中氢氰酸含量很高，牛食后可引起中毒。另外，牛误食含氢化物的农药也可引起中毒。

病牛突然发作，起卧不安，呼吸困难、流涎、流泪，感觉过敏、兴奋，但很快转为抑制。全身无力，肌肉震颤，体温下降，严重者瞳孔散大，常伴有阵发性惊厥，最后呼吸中枢麻痹而死亡。尸体长时间不腐败，血液凝固不良、呈鲜红色。取胃内容物50g放烧油中，加蒸馏水1 000ml，搅匀并加少量10%酒石酸溶液，在瓶口放一张新的苦味酸碳酸试纸，用棉花塞住瓶口，将烧瓶放入水浴锅中加温30min，如有氢氰酸存在试纸变红。

治疗可用10%亚硝酸钠注射液20ml，代硫酸钠注射液30～50ml，静脉注射。在治疗中应加强心剂、维生素C和葡萄糖等。

六、尿素中毒

尿素中毒主要是由于牛食入过多的尿素或尿素蛋白质补充饲料所引起的，病牛出现大量流涎，瘤胃臌气并停止蠕动，瞳孔散大，皮肤出汗，反复发作，强直性痉挛，呼吸困难，静脉快而弱，皮温不均，口流泡沫。通常在中毒后几小时死亡。

当中毒病牛发生急性瘤胃臌气时，必须立即进行瘤胃穿刺放气（放气速度不宜过快）。停止供给可疑饲料，投服食醋1 000ml，以提高瘤胃氢离子浓度（降低瘤胃pH值），阻止尿素继续分解。静脉注射10%葡萄糖酸钙注射液300～500ml、25%葡萄糖注射液500ml，以中和被吸收入血液中的毒素。

尿素作为非蛋白氮饲料已被广泛用于肥育肉牛中，但要严格控制尿素喂量，饲喂后要间隔30～60分钟再供给饮水。也不要与豆类饲料合喂。

第四节　外科病

一、创伤

（一）新鲜创的治疗

用0.1%高锰酸钾或0.1%新洁尔灭溶液彻底冲洗污染的创面，剪去四周体毛，消毒后撒上消炎粉或青霉素，然后用消毒纱布或药棉盖住伤口。如有出血应先止血，将外用止血粉撒于患处，在进行包扎。如出血比较严重，除局部止血外还应全身止血，如用维生素K_3注射液10～30ml或止血敏注射液10～20ml肌内注射。对创伤浅、面积不大、不影响愈合的伤口一般不必缝合，但创伤面积较大、裂开严重的则应缝合。

（二）感染创的治疗

感染创可按下列步骤进行治疗。

1. 清洁周围

先用无菌纱布将伤口覆盖，剪除创伤周围的被毛，用温肥皂水或来苏尔溶液洗净创面，再用75%酒精或5%碘酊进行创面消毒。

2. 清理创腔

排出创内脓汁，刮掉或切除坏死组织，然后用0.1%高锰酸钾溶液或3%过氧化氢溶液将创腔冲洗干净，再用酒精棉球擦干。

3. 外用药物

可用去腐生肌散，也可撒入消炎粉或抗生素药物。

4. 全身用药法

在严重化脓感染时，为了防止渗出，减少机体对有毒物质的吸收，可静脉注射10%氯化钠注射液150～200ml，10%葡萄糖注射液500～1 000ml，40%乌托品注射液50ml或5%碳酸氢钠注射液50～100ml。

二、脓肿

牛体组织器官，由化脓菌感染形成有脓液积聚的局部性肿胀叫脓肿。

浅在性的脓肿，初期有热、痛、肿表现，以后由于发炎、坏死、溶解、液化而形成脓汁。肿胀部中央逐渐软化，皮肤变薄，被毛脱落，最后自行破溃。深部脓肿局部肿胀明显，患部触压疼痛并留有指压痕。可进行穿刺，有脓汁流出或针头附有脓汁即可确诊。

脓肿的治疗原则是：初期消散炎症，后期促进脓肿成熟。患部周围剪毛消毒，初期用冷敷和消炎剂，必要时可用1%普鲁卡因青霉素注射液进行患部周围封闭，若发炎症状不能制止，可改用鱼石脂软膏处理。若出现全身反应时，用抗生素或磺胺类药物治疗。

第五节　产科病

一、子宫脱出

此病特征是子宫、子宫颈和阴道部分或全部脱出于阴道之外。主要发生于老龄、瘦弱母牛在妊娠期间营养不良或运动不足时。改良品种胎儿过大，胎水过多等造成子宫韧带松弛也容易引起此病。

当子宫不完全脱出时，母牛弓背站立，举尾，用力努责，常有排粪尿动作，无全身症状，只有通过阴道检查才能鉴别脱出程度。子宫全脱出时，子宫全部翻露于阴门外。

子宫部分脱出时，只需将牛饲养于前低后高的地面，一般能够自行复原，要防止继续脱出或损伤，不必治疗。对于不能自行回复的部分脱出和全部子宫脱出，均需整复。整复时应使母牛站立于前低后高的地面。然后用0.1%高锰酸钾溶液进行清洗消毒，并轻而慢地剥离胎衣。如有大量出血不止或较大伤口时，应结扎或缝合。如果努责过强整复有困难时，应用2%～3%普鲁卡因注射液10～15ml，做尾根硬膜外腔麻醉。整复后为了防止细菌感染，可肌肉注射或静脉注射抗生素，同时向子宫灌注抗生素。如有出血可用止血剂。

二、胎衣不下

在正常分娩时，产出胎儿后，12小时仍未排出胎衣者叫胎衣不下。主要是妊娠后期运动不足，饲料中缺乏钙盐及其他无机盐和维生素所致。此外，胎儿过大、难产、子宫内膜炎或布鲁氏菌病也可引起胎衣不下。

全部胎衣不下是指大部分胎衣滞留在子宫内，只有少量流出于阴道或垂于阴门外，有时从阴门外看不见胎衣，只有在阴道检查时才能被发现。部分胎衣不下是指大部分胎衣悬垂于阴门外，只有少量胎衣粘连在子宫母体胎盘上。病牛常表现弓背努责。胎衣不下经过2～3天后，由于胎衣腐败分解或被吸收，病牛会出现精神沉郁，食欲、反刍减少，体温升高等子宫炎症和中毒症状，从阴门中流出暗红色腐败恶露。

药物治疗可一次静脉注射10%氯化钠注射液250～300ml，25%安纳咖注射液10～20ml。每日1次向子宫注入10%氯化钠1 500～2 000ml，使胎儿胎盘脱水收缩，脱离母体胎盘。为防止胎衣腐败，可将土霉素或四环素2g或金霉素1g溶于250ml蒸馏水中，一次灌入子宫，隔日1次，常在4～6天可自行脱落。胎衣排出后仍继续用药，直至生殖道内分泌物干净为止。在手术剥离前1～2小时向子宫内注入10%氯化钠1 000～2 000ml，以便于剥离。在胎衣剥离后，仍向子宫内灌注抗生素，防止感染。

三、持久黄体

在分娩后或排卵后未受精，卵巢上的黄体存在25～30天而不消失，就称为持久黄体。持久黄体会分泌出助孕素，抑制卵泡发育，致母牛不发情，故造成不孕。形成持久黄体的主要原因是饲养管理不当和子宫疾病所致。

临床表现为母牛长期不发情或发情而不排卵。直肠检查发现，卵巢增大，有的持久黄体一小部分突出于卵巢表面而大部分包埋在卵巢实质中。也有的呈蘑菇状突出在卵巢表面。有时在卵巢上有1个或几个不大的卵泡。持久黄体由于所处阶段不同可能是略呈面团状或者是硬而有弹性。为了确诊，需再隔25~30天进行第二次直肠检查。若卵巢状态、黄体位置、大小、质地没有变化，即可认为是持久黄体。

皮下注射胎盘组织液，每次20ml。间隔3~5天，连用4次一个疗程。

皮下注射孕马血清，第一天20~30ml，第二天30~40ml，2天一个疗程。

肌肉注射垂体前叶促性腺激素20~400IU，隔日1次，连注3次。已烯雌酚15~20ml一次肌注，隔15~20天再注射1次。已烯雌酚20~40ml，一次肌内注射，每日1次，连注3天，5~7天后发情。前列腺素5~10mg，肌肉注射，连用2天，效果显著。

持久黄体伴有子宫炎症时，应同时治疗子宫炎。

四、子宫内膜炎

子宫内膜炎是牛产后常见的一种疾病。主要由于生殖道细菌感染所引起。多由急性转变而来。主要症状是屡配不孕或孕后流产，从阴道排出黏性或脓性分泌物，发情周期有时不正常。

治疗可用土霉素或四环素2g，金霉素1g，青霉素100万IU，青霉素100万IU加链霉素0.5~1g。以上药物任选一种溶于100~200ml蒸馏水中，一次注入子宫，每日1次，直至排出的分泌物干净为止。有脓性分泌物的可用5%复方碘溶液，3%~5%的氯化钠溶液，0.1%高锰酸钾溶液或0.02%呋喃西林溶液，任选一种做子宫灌注。对隐性子宫内膜炎，宜在发情配种前6~8小时，向子宫内注射青霉素100万IU，可提高受胎率，减少隐性流产。对全身症状明显的，除局部治疗外，还应肌肉注射或静脉注射抗生素，并根据情况给予补钙或补糖。

第六节 传染病及防治措施

一、口蹄疫

口蹄疫俗称"口疮"或"蹄癀"，是由口蹄疫病毒引起的偶蹄兽的一种急性、热性、高度接触性传染病，其特征是口腔黏膜、蹄部和乳房皮肤发生水疱和烂斑。口蹄疫是世界性传染病，传播性极强，往往造成广泛流行，招致巨大的经济损失。

口蹄疫潜伏期平均为 2～4 天，患牛体温升高到 40～41℃，精神沉郁，闭口流涎，开口时有吸吮声，1～2 天后口腔出现水疱。此时嘴角流涎增多、呈白色泡沫状、常挂满嘴边，采食、反刍完全停止。水疱经 1 昼夜破裂后体温降至正常，糜烂逐渐愈合，身体状况逐渐好转。在口腔发生水疱的同时或稍后，趾间、蹄冠的柔软皮肤上也发生水疱，并很快破溃，出现糜烂，然后逐渐愈合。但若病牛体弱或烂斑被粪尿等污染，可能化脓，形成溃疡、坏死，甚至蹄壳脱落。当乳头皮肤出现水疱（主要见于奶牛），很快破溃，形成烂斑，并常波及乳腺引起乳房炎，泌乳量显著减少。

二、炭疽

本病是由炭疽杆菌引起的一种人兽共患、急性、热性、败血性传染病。其特征是发病急，死亡快，死后血凝不良，尸僵不全，天然孔出血，脾脏高度肿大等。各种家畜和人都有不同程度的易感性，常呈地方性流行或散发，且以炎热的夏季多发。

临床症状可分为以下 3 类。

（一）最急性型

多见于流行初期，牛突然发病，体温在 40.5℃ 以上，行走不稳或突然倒地，全身战栗，呼吸困难，天然孔常流出煤焦油样血液，常于数小时内死亡。

（二）急性型

体温升高达 42℃，呼吸和心跳次数增多，食欲反刍停止，瘤胃膨胀，妊娠牛流产。有的兴奋不安、惊叫，口鼻流血，继而精神沉郁，肌肉震颤，可视黏膜蓝紫色，后期体温下降，窒息死亡，病程 1～3 天。

（三）亚急性型

症状类似急性型，但病情较轻，病程较长，常在颈、胸、腰、乳房、外阴腹下等部皮肤发生水肿，直肠及口腔黏膜发生炭疽痈。

预防措施为定期注射疫苗，用无毒炭疽芽孢苗，成年牛皮下注射 1ml 是，1 岁以下犊牛注射 0.5ml。发生本病后，要立即上报，对疫区封锁隔离，炭疽牛尸体要焚烧或深埋 2m 以下，疫区要严格消毒，严防人被感染。治疗可用青霉素 800 万 IU 肌内注射，每日 3 次，连用 3 天。也可皮下或静脉注射抗炭疽血清，成年牛用 100～300ml，犊牛 30～60ml。

三、结核病

结核病是由结核分枝杆菌所引起的一种人兽共患传染病，以慢性发生为主，也是目前牛群中常见的一种慢性传染病。病的特征是在体内的某些器官形成结核结节，继而结节中心发生干酪样坏死或钙化。本病多为散发，无明显的季节性和地区性，多通过消化道和呼吸道传染，舍饲的牛发生较多，畜舍拥挤、潮湿、挤奶以及饲养管理不良等，可促进本病的发生与传播。

临床症状：按侵害器官的不同，主要分为以下3种类型。

（一）肺结核

以长期顽固的干咳为特点，且以清晨最明显，食欲正常，容易疲劳，逐渐消瘦，病情严重者可见呼吸困难。

（二）乳房结核

乳房上淋巴结肿大。乳区患病，以发生限性或弥散性的硬结节为特点，硬结节无热无痛，表面高低不平，泌乳量降低，乳汁变稀。严重时乳腺萎缩，泌乳停止。

（三）肠结核

以消瘦和持续腹泻，或便秘、腹泻交替出现为特点，粪便带血或带脓汁，味腥臭。生长缓慢，最后消瘦。犊牛多发生肠结核。

奶牛场的工作人员或奶农要定期进行体检，有结核病的人不能做奶牛饲养工作。牛场要定期对牛群用结核菌素试验进行检查。要建立严格的防疫消毒制度，加强消毒，全面大消毒每年进行4次，饲养用具以及圈舍每月消毒1次。治疗时，对症状较轻的病牛可以每日用异烟肼3～4g，分3次混在精料中饲喂，每3个月为1个疗程；对症状严重者可口服异烟肼每日1～2g，同时肌肉注射链霉素，每次3～5g，隔日1次。

四、牛病毒性腹泻

奶牛病毒性腹泻也称黏膜病，是由黏膜病病毒引起牛的一种急性、热性传染病。其主要特征是传染迅速、突然发病、体温升高、发生糜烂性口炎、胃肠炎、不食和腹泻。以6～18月龄的小牛症状最为严重，主要通过消化道和呼吸道感染，多发生于冬、春季节，在新疫区可呈现全群暴发，在老疫区多为隐性感染，只见少数轻型病例。临床症状分为急性和慢性型。

（一）急性型

常见于犊牛，表现为体温升高至40～42℃，流鼻涕、咳嗽、流泪、流涎、呼吸急促、闭目无神。口腔黏膜糜烂或溃疡，并出现腹泻，混有黏膜和血液，恶臭。鼻镜和鼻周围散在有浅在的细小的糜烂。产奶牛泌乳量减少，妊娠牛发生流产，有的病牛角膜水肿，蹄部发生蹄冠炎和蹄叶炎而引起跛行。重症病牛多于5~7天因脱水和衰竭而死亡。病理变化主要是口腔、食管、胃黏膜水肿和糜烂，其中以食管内为纵行的小糜烂最为明显。

（二）慢性型

多为急性型转变为慢性型，口腔黏膜反复发生坏死和溃疡，持续性或间歇性腹泻，流鼻涕，鼻镜结痂，流泪，有的发生慢性蹄叶炎而跛行，有的还出现局部性脱毛和表皮角质化而皮肤皲裂，这种病牛通常呈现持续感染，发育不良，最终死亡或被淘汰。

牛场应加强饲养管理和日常的兽医卫生防疫措施。并且每年用黏膜病灭活苗对牛群进行1次免疫接种。本病一般死亡率不高，轻型病例不需要治疗，只要给予新鲜饲料和清洁饮水并加以精心照料就可以恢复。发病症状严重时，如排出大量凝血块，严重失水及虚脱，应及时对症治疗。严重腹泻时可用次硝酸铋或单宁酸50g，配以磺胺脒30g，口服每日2~3次，连服2~3天；严重失水时可用5%糖盐水3 000~5 000ml，25%~50%葡萄糖注射液5 000~10 000ml及10%氯化钠注射液100ml，静脉注射。

五、肉牛传染性疾病防治的主要措施

（一）主要原则

肉牛传染性疾病的发生和流行因素多方面的，但其共同特征是由传染病、传播源、传播途径及易感染动物相互联系而成的。因此，预防和扑灭传染性疾病的主要原则如下。

1. 查明和消灭传染源

这是预防疫病发生的首要措施。平时应做好疫情调查，定期对牛群进行必要的检疫，以便及时发现并消灭传染源。定期使用药物对牛进行驱虫。对因传染病死亡的牛，尸体要妥善处理。

2. 截断传播途径

不少疫病的病原体，可以在外界环境中生存一定时期并保持其毒力。因此，截断病原体的传播途径是预防疫病发生的一项重要措施。由于疫病的种类和性质不同，其传播途径各异，应根据其具体特点采取相应措施。

3. 提高机体的抵抗力

这是防止疫病发生和传播的根本措施。包括两个方面：即加强饲养管理，提高机体的非特异性抵抗力；进行预防接种，提高机体的特异性抵抗力。

（二）免疫接种

在经常发生某种传染病或有潜在发生疫病可能性的地区，为了防患于未然，在平时应根据本地区疫病种类、发生季节、发生规律、疫情动态及饲养管理状况，制定出相应的防疫计划，适时适地定期进行预防接种。预防接种常使用疫苗、菌苗、类毒素等生物制剂作为抗激发机体的免疫力。

（三）疫情报告

由于某些疫病发病急，范围大，危害严重，如不及时扑灭，会造成更大的经济损失，甚至会威胁人类的健康。所以，一旦确认发生了烈性及危害大的传染病，要及时向上级业务主管部门汇报，使疫情控制在最小的范围之内，报告的内容主要为：发病时间、地点、数量、死亡数量、临床症状、剖检变化、初诊病名及防治情况等。

（四）牛群检疫

牛群检疫是根据地方流行病学调查资料，运用兽医临床诊断学方法，以重点疫病为检查目的活体检疫。在平时要对牛群经常观察，并按当地的疫情定期进行必要的检查，及时查出病牛，无法确诊的应采样送兽医卫生防疫部门检查。

（五）疫病诊断

及时准确的诊断，是防疫工作的重要环节。不能立即确诊的，应采取病理材料尽快送到有关业务部门检验。在未得到结果之前，应根据初步诊断，采取相应的紧急措施，防止疫病的蔓延及扩散。

（六）隔离封锁

1. 隔离

发生传染病时，将病牛和可疑感染的牛只与健康牛隔离开，以消除和控制传染源，从而截断流行过程。病牛应在彻底消毒的情况下，将其单独或集中隔离在原来的圈舍、场院或偏僻场所，由专人护理、看管和治疗。隔离场所应注意消毒，严禁人、畜随意出入。粪便应单独堆积发酵处理。可疑感染牛群无任何症状，但与发病牛及其污染的环境有过明显接触，可能处在潜伏期，并有排菌（毒）的危险，应在消毒后另地专人饲养管理，限制其活动，详细观察。同时，应立即进行紧急免疫接种，或预防性治疗。经 1～2 周不发病者，可取消其限制。

2. 封锁

当暴发某些疫病时，在隔离的基础上，对疫源地区还应采取封锁措施，防止疫病由疫区向安全区传播或健康牛误入疫区而被感染，以迅速控制和就地扑灭

疫病。

（七）消毒

1. 牛舍的消毒

消毒牛舍、场地，一般常用 10% ~20% 石灰乳剂，1% ~10% 漂白粉澄清液，1% ~4% 烧碱水或 3% ~5% 臭药水，一般每平方米面积用药量为 1L。

2. 地面土壤的消毒

首先用 10% 漂白粉，与表土混合后将此表土深埋。

3. 粪便的消毒

（1）堆肥发酵法。选择地势高而干，并距住宿和水源较远地方，挖一长 2m、宽和深约 0.3m 的十字沟，再将树枝、杂草、秸秆等与粪便都装入沟内，用湿泥封严。然后用木棒或竹竿从顶上向下插几个孔，当粪便温度升高到 70℃ 以上，一些病原菌和寄生虫卵就会很快杀死。

（2）沼气发酵法。利用粪便制取沼气，既可照明、煮饭，改善环境卫生，又可消灭寄生虫卵和幼虫以及多种病原微生物，提高肥效。

4. 污水的消毒

如污水量不大，可拌洒在粪便中堆积发酵。如水池、水井被污染，可根据不同情况予以永久或暂时性封闭，或进行化学处理。方法是每立方米水中加入漂白粉 8 ~10g，充分搅混，经数日后方可启用。

5. 车辆用具的消毒

运送过患传染病的牛或疑似病牛及其尸体、粪便和产品原料的车辆，以及与之接触过的用具在彻底清洗之后，还应用 10% 漂白粉或 2% ~4% 烧碱热溶液消毒。

第七节　营养代谢病防治措施

本节重点介绍一下肉牛养殖场常见的易发病—牛瘤胃酸中毒。

瘤胃酸中毒是由于饲喂过量大麦、玉米等富含碳水化合物的谷物或各种块根块茎类多糖饲料。尤其是各类加工成粉状的饲料，导致瘤胃内异常发酵，生成大量乳酸。其次是饲料突然改变，由平时饲喂牧草而突然改饲谷类或甜菜、马铃薯等，导致发病。临床上表现为以乳酸酸中毒和瘤胃内某些微生物活性降低为特征的瘤胃消化功能紊乱性疾病。

　　牛在大量采食易于发酵的碳水化合物饲料后，瘤胃内微生物群及其共生关系发生变化，导致大量酸积累。瘤胃的缓冲液虽可缓冲一部分乳酸，仍有大量乳酸进入血液，因脱水而使血压降低，外周组织供氧减少，细胞呼吸产生的乳酸进一步增多。在乳酸产生的同时，亦产生部分丁酸，现已证实，丁酸可使瘤胃蠕动减慢甚至停止。乳酸在瘤胃内大量积聚，易继发化学性瘤胃炎，最终诱发肝脓肿，构成瘤胃炎—肝脓肿复合症。

　　本病临床症状的轻重程度取决于所采食谷类或碳水化合物饲料的量、瘤胃液氢离子浓度提高（pH 值降低）程度以及经过时间等，大致分为最急性型、急性型和亚急性型—慢性型等多种类型。

　　最急性型（重型）：采食或偷食大量的谷类精饲料几小时后出现中毒症状，病势发展较为迅速。临床上表现有腹痛症状，病牛站立不安，有的病例精神高度沉郁，呈昏睡状态。食欲废绝，流出大量泡沫涎水，被迫横卧地上，并将头弯曲在肩部，似产后瘫痪姿势。视力极度减弱、甚至失明，瞳孔散大，反应迟钝。体温正常或轻度降低（36.5～38℃），呼吸数正常，脉搏加快（120～140 次/分钟）但细弱，尿少甚至无尿。瘤胃蠕动停止。此外，还可见到皮肤干燥，弹性减退等严重脱水症状。一般在 12 小时左右死亡。

　　急性型：在采食大量精饲料后 12～24 小时内发生酸中毒。表现为食欲废绝，精神沉郁，呻吟，磨牙，肌肉震颤。排泄混有血液的泡沫状便粪（血便）。尿液减少，瞳孔散大，反应迟钝。体温升高（38.5～39.5℃），脉搏增数（90～100 次/分钟），呼吸正常或减弱。可见皮肤干燥、无弹性等脱水症状。

　　亚急性型—慢性型（轻型）：由于临床症状轻微，多数病牛不易早期发现。通常病牛短时食欲减退，但饮欲有所增加，瘤胃蠕动减弱，其他指标接近正常；体温 38.5～39.5℃；脉搏 72～84 次/分钟。

　　最急性型和急性型病牛病程短，预后不良，多数在 12～24 小时内死亡。至于慢性型病牛，只要及时消除病因（如改变饲料或饲喂方式），较快地使病情减轻，可望恢复。

　　首先，停止饲喂构成该病病因的饲料，改饲含粗纤维的青、干牧草。针对本病直接致死原因—瘤胃酸中毒额机体脱水性循环障碍，给予合理的抢救性治疗。如应用5%～10%碳酸氢钠注射液 3～5 升或与生理盐水、等渗葡萄糖溶液等混合静脉注射，效果较好。在调整瘤胃液氢离子（pH 值）之前，先将瘤胃内容物尽量清洗排出，在投服碱性药物碳酸氢钠（300～500g）氧化镁（500g）以及碳酸钙（200g）等，每天 1 次，必要时间隔 1～2 天后再投服。为了恢复瘤胃内微生物群活性，可投服健康牛瘤胃液 5 ~ 8L（移植疗法），这对一般病牛都有治疗效果。

　　主要预防对策是有效控制精、粗饲料的搭配比例，一般以精饲料占 40% ~ 50%、粗饲料占 50% ~ 60% 为宜。肥育牛群饲喂精饲料的量宜逐渐增加，一般从 8 ~ 10g/kg 体重开始，经过 2 ~ 4 天增加到 10 ~ 12g/kg 体重，较为安全。在肥育肉牛的饲料中，粗纤维量以占其干物质的 14% ~ 17% 为宜。在肥育肉牛饲喂谷实类饲料之前，先移植已适应精料的健康牛的瘤胃液，然后再饲喂含淀粉饲料 21 天，即可杜绝瘤胃酸中毒的发生。

第八节　生产实际中的牛病验方

一、牛瘤胃臌气

取食醋 500ml、马修草 500g、鱼鳅草 300g、香附子 50g、捣烂、给牛一次内服，连服 3 次，即可见效。

二、牛瘤胃积食

取食醋 400ml，小苏打 150g，先将小苏打用少量水化开，给牛灌服，接着再灌食醋，疗效显著。

　　牛前胃迟缓：取食醋 250ml，红糖 200g，生姜 200g，捣烂、混匀，给牛一次罐服，连服 2 ~ 3 次。

　　牛尿道结石：取食醋 250ml，通过胶管注入膀胱，结石很快即可排除。

三、痢疾

取葱 200g，捣成泥状，食醋 350ml，给牛一次灌服。

四、耕牛腐蹄病

将敌敌畏与食醋按 1 : 1 的比例混合，涂在消净的蹄上，持续 5 ~ 7 天即愈。

五、耕牛中暑

取食醋 500ml，白糖 250g，对等量水灌服；或取食醋 300ml，盐 50g，水 1 500ml，混匀灌服。

六、牛氨中毒

取食醋 1 500ml，加冷水 2 500g，给牛一次灌服；若同时灌服 20% ~ 30% 的糖蜜水，则效果更好。

七、疥癣病治疗法

来苏儿 5 份，温水 100 份，敌百虫 5 份，混合后涂擦患部。

将辛硫磷或亚胺硫磷乳剂。配成 0.1% 浓度的溶液，用其涂擦患部。

用 1% 敌百虫溶液洗擦患部，隔日 1 次，直到痊愈。

取狼毒 500g，硫磺 100g（煅烧），白胡椒 50g（炒）三味药一起碾为末，取末 30g，加在 700g 烧开的植物油中，搅拌均匀即成，用其涂擦患部。

八、主治耕牛烂肩病

方法是在患处均匀地撒一层白糖，当白糖融化后，可形成胶状黏糊物质，一般 24～36 小时，创面干燥，3～4 天即可痊愈。

九、大葱

取葱白 60g，炒食盐 30g，神曲 60g，共同捣烂，加入食醋 300ml，红糖 120g，水 1L，煎汁，大牛一次内服，7 天为一个疗程，主治牛急性胃卡他（适于胃寒不食，粪干稀交替时用）。取大葱、神曲、生姜、大枣（去核）各 60g，研末，用开水调好，加黄酒 200g，大牛一次内服。

十、车前子治犊牛脐炎

将采集的车前子洗净晒干，焙或炒至微黄后研成细末。使用前，用生理盐水将患有脐炎的犊牛脐部清洗创伤面后，将车前子粉撒在于脐上，以药粉覆盖创面为宜，再用纱布包扎，隔 3 天换药 1 次，一般 7～9 天即可治愈。

十一、治牛胎衣不下

视牛个体大小，将车前子 200～350g，用纯酒精拌湿，点燃后搅拌，火灭后研碎成粉，再用开水调匀，待降温以后，一次性灌服，两天内胎衣即可全部排出。

十二、子宫清洗和灌注

1. 西药疗法

使用 0.9% 生理盐水，2% 碳酸氢钠，0.5% 雷佛奴尔溶液，0.1% 高锰酸钾溶液，反复冲洗子宫 2～3 次后，将清洗液全部导出，隔日再冲洗一次。

子宫冲洗后，将 200 万 IU 青霉素、200 万 IU 链霉素、鱼腥草 20ml、鱼肝油 5g，混合溶于适量蒸馏水中，1 次灌入子宫，隔 48 小时再投 1 次。

2. 中药疗法

益母草 60g、当归 30g、川芎 25g、白芍 25g、熟地 30g、丹皮 25g、元胡 25g、

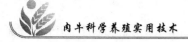

炙香附30g、研为细末，开水冲调，候温灌服，每日1剂，连续用药3天。

对于慢性化脓性子宫内膜炎的治疗可选用中药当归活血止痛排脓散，组方：当归60g、川芎45g、桃仁30g、红花20g、元胡30g、香附45g、丹参60g、益母草90g、三菱30g、甘草20g、黄酒250ml为引，隔日1剂，连服3剂。

对于急性子宫内膜炎的治疗组方为蒲黄60g、益母草60g、黄柏60g、当归45g、黄芩45g、黄芪90g、香附子60g、郁金45g、升麻10g、煎水，分3～4次内服，一日2～3次，连用2～3剂。

参 考 文 献

冯家宝，禹锋.1993.牛对矿物质元素和维生素的利用［M］.宁夏：宁夏人民出版社.

冯家宝.1993.商品肉牛生产配套技术［M］.宁夏：宁夏人民出版社.

孙会.2010.饲草栽培与加工技术［M］.吉林.吉林科学技术出版社.王广山，

韩映辉，等.2007.肉牛育肥生产技术问答［M］.宁夏：宁夏人民出版社.

王惠生.2003.秦川牛养殖技术［M］.北京：金盾出版社.

王加启，等.2009.肉牛高效益饲养技术［M］.北京：金盾出版社.

徐运全.2008.高效肉牛饲养［M］.北京：中国人口出版社.

许尚忠，魏伍川.2002.肉牛高效生产实用技术［M］.北京：中国农业出版社.

张审贵.2001.牛的生产与经营［M］.北京：中国农业出版社.

钟孟淮.2001.动物繁殖与改良［M］.北京：中国农业出版社.